工业和信息化普通高等学校"十三五"规划教材立项项目

21世纪高等学校计算机规划教材

大学计算机基础实践教程

（Windows 7+Office 2010）（第2版）

Experiments on Fundamentals of Computers
(Windows 7+Office 2010)(2nd Edition)

肖建于 胡国亮 编著

U0310802

人民邮电出版社

北京

图书在版编目（CIP）数据

大学计算机基础实践教程：Windows 7 +Office
2010 / 肖建于，胡国亮编著. -- 2版. -- 北京：人民
邮电出版社，2020.9
　　21世纪高等学校计算机规划教材
　　ISBN 978-7-115-54095-9

　　Ⅰ. ①大… Ⅱ. ①肖… ②胡… Ⅲ. ①Windows操作系
统—高等学校—教材②办公自动化—应用软件—高等学校
—教材 Ⅳ. ①TP316.7②TP317.1

中国版本图书馆CIP数据核字（2020）第088785号

内 容 提 要

　　本书是肖建于、胡国亮编著的《大学计算机基础（Windows 7+Office 2010）（第2版）》一书的配套实践教材。全书共分为3个部分：第1部分为用于培养学生计算机应用能力的21个实训，涵盖计算机基本操作、Windows 7操作系统基本操作、Office 2010办公软件基本操作和网络技术基本应用等内容；第2部分为教材习题及参考答案；第3部分为附录，包括全国高等学校（安徽考区）计算机水平考试《计算机应用基础》教学（考试）大纲和Windows常用快捷键及其功能。

　　本书极具实用性，适合作为高等学校计算机基础课程的实验指导教材，也可作为工作人员自学办公自动化技术的参考书。

◆ 编　　著　肖建于　胡国亮
　　责任编辑　李　召
　　责任印制　王　郁　陈　犇

◆ 人民邮电出版社出版发行　　北京市丰台区成寿寺路11号
　　邮编　100164　电子邮件　315@ptpress.com.cn
　　网址　https://www.ptpress.com.cn
　　三河市君旺印务有限公司印刷

◆ 开本：787×1092　1/16
　　印张：11.5　　　　　　　　　　2020年9月第2版
　　字数：243千字　　　　　　　　2020年9月河北第1次印刷

定价：39.80元

读者服务热线：(010)81055256　印装质量热线：(010)81055316
反盗版热线：(010)81055315
广告经营许可证：京东市监广登字20170147号

前 言 PREFACE

本书是与肖建于、胡国亮编著的《大学计算机基础（Windows 7+Office 2010）（第 2 版）》一书配套的辅助教材，也是根据教育部高等学校计算机基础课程教学指导委员会提出的高等学校计算机基础课程教学基本要求以及最新的全国高等学校（安徽考区）计算机水平考试《计算机应用基础》教学（考试）大纲组织编写的高等院校计算机基础实践教程。

本书所使用的软件版本：Windows 7 和 Office 2010。

本书共分为 3 个部分，具体内容如下。

第 1 部分：上机实训。该部分包括 21 个实训，其目的是增强教学实用性，加强技能训练，提高学生的应用能力。每个实训都包括实训目的、实训内容和步骤、实训练习 3 个部分，内容涵盖计算机基本操作、Windows 7 操作系统基本操作、Office 2010 办公软件基本操作和网络技术基本应用等方面，以便教师教学以及学生进行上机操作与练习。

第 2 部分：强化练习。该部分收集了与本书配套的教材的全部习题，并给出了参考答案，从而使本书自成体系，以便学生巩固学习到的知识。

第 3 部分：附录。该部分收集了全国高等学校（安徽考区）计算机水平考试《计算机应用基础》教学（考试）大纲和 Windows 常用快捷键及其功能。

本书由肖建于、胡国亮编著，参与编写工作的还有郑颖、赵娟、张震、赵兵、马艳芳等人。

由于编者水平有限，书中难免存在一些不妥之处，敬请广大读者批评指正。

编 者
2020 年 9 月

目 录 CONTENTS

第3部分　附录

第 1 部分

上机实训

实训1　认识微型计算机

一、实训目的

1. 了解计算机的组成及各部分的功能。
2. 掌握正确的开机／关机步骤。
3. 掌握鼠标的基本操作方法。
4. 熟悉键盘的结构，熟记各键的位置及常用键、快捷键的功能。
5. 学习使用打字软件并掌握正确的打字姿势和基本指法。

二、实训内容和步骤

1. 了解微型计算机（简称微机）的组成。

观察主机、显示器、键盘和鼠标的结构特点，熟悉主机上的电源开关键、电源指示灯和硬盘工作指示灯。计算机的外观如图 1-1 所示。

图 1-1　计算机的外观

2. 使用正确的方法开启计算机并启动 Windows 7 操作系统。

（1）冷启动。计算机加电启动就是冷启动。在一般情况下，计算机的硬件设备中需要加电的设备有显示器和主机。在开机过程中，正确的开机顺序是：先开显示器，再开主机。打开显示器和主机后等待数秒，若显示器上出现Windows 7操作系统的桌面，则表示启动成功。

（2）热启动。在计算机已加电的情况下重新启动计算机称为热启动。常用的操作方式有以下几种。

方式一：关闭所有窗口后，按【Alt+F4】快捷键，将弹出"关闭Windows"对话框；在该对话框中单击下拉列表框中的"重新启动"项，如图1-2所示。

方式二：单击"开始"按钮，在弹出的"开始"菜单中单击"关机"按钮右侧列表框中的"重新启动"选项。

3．使用正确的方法退出Windows 7操作系统并关闭计算机。

关机的顺序与开机的顺序正好相反：先关主机，再关显示器。

具体操作步骤如下。

（1）关闭任务栏中所有已经打开的任务。

（2）单击"开始"按钮，在弹出的菜单中选择"关机"命令。

在正常的情况下，系统会自动切断主机电源；在异常的情况下，系统不能自动关闭，此时可以选择强行关机，具体的做法是：长按主机电源按钮，持续7秒左右，即可切断主机电源，从而强行关闭主机。

（3）关闭显示器。

4．掌握鼠标的基本操作方法。

鼠标是用于操作计算机的一个重要工具。鼠标通常有两个键——左键和右键，有些鼠标还带有一个滚轮，如图1-3所示。

图1-2 "关闭Windows"对话框

图1-3 常用鼠标的外观

鼠标的基本操作方法如下。

（1）移动。在不按任何鼠标键的情况下移动鼠标。移动的目的是使屏幕上的鼠标指针指向要操作的对象或位置。

（2）指向。把鼠标指针移动到某一对象上，一般可以用于激活对象或显示提示信息。

（3）单击。在鼠标指针指向操作对象或操作位置后，敲击一次鼠标左键，用于选定某个对象或某个选项、按钮等。

（4）双击。在鼠标指针指向操作对象或操作位置后，连续两次快速地敲击鼠标左键，用于启动程序或打开窗口。

（5）右击。在鼠标指针指向操作对象或操作位置后，敲击鼠标右键，一般会弹出快捷菜单或帮助提示。

（6）拖曳。可以分为左拖曳和右拖曳。

① 左拖曳。在鼠标指针指向操作对象或操作位置后，按住鼠标左键不放并移动鼠标，常用于滚动条操作、标尺滑块操作或复制、移动对象。

② 右拖曳。在鼠标指针指向操作对象或操作位置后，按住鼠标右键不放并移动鼠标，常用于移动、复制对象或创建快捷方式。

（7）滚动。对于带有滚轮的鼠标，可以上下滚动滚轮。在浏览窗口中的内容时通常会用到滚动操作。

5. 熟悉键盘的布局，熟记各键的位置及常用键、组合键的功能。

键盘是最常用的，也是最基本的输入设备，通过键盘可以把英文、数字、中文、标点符号等输入计算机，从而对计算机发出指令，进行操作。

标准键盘通常分为5个功能区：主键盘区、数字键区、功能键区、控制键区和状态指示区，如图1-4所示。请读者对照键盘实物，熟记键盘的各个功能区。

图1-4　键盘的各个功能区

对于一般的用户来说，键盘主要是用来打字的，因此，他们最主要的任务是熟悉主键盘区中各个键的用处。主键盘区不仅包括26个英文字母、10个阿拉伯数字及一些特殊符号，还包括一些功能键。

主键盘区的功能键具体如下。

（1）【BackSpace】键：后退键，用于删除光标前的相邻字符。

（2）【Enter】键：换行键，将光标移至下一行首。

（3）【Shift】键：字母大小写临时转换键；同时按下键面上有两个字符的按键与【Shift】键，将输入上档字符。

（4）【Ctrl】键、【Alt】键：控制键，必须与其他键一起使用。

（5）【Caps Lock】键：锁定键，将英文字母锁定为大写状态。

（6）【Tab】键：跳格键，将光标右移到下一个跳格位置。

（7）空格键（或【Space】键）：输入一个空格。

功能键区各按键的功能根据具体的操作系统或应用程序而定。

控制键区包括插入键【Insert】、删除键【Delete】、将光标移至行首的【Home】键和将光标移至行尾的【End】键、向上翻页的【Page Up】键和向下翻页的【Page Down】键，以及方向键。

数字键区有 10 个数字键，可用于输入数字。另外，在使用五笔字型输入法时也可在数字键区输入。在数字键区输入数字时，需要先按【Num Lock】键以使对应的指示灯亮起。

6. 掌握正确的打字姿势和基本指法，并学习使用打字软件进行打字练习。

（1）正确的打字姿势。

① 身体保持端正，两脚平放。

② 两臂自然下垂，两肘贴于腋边，肘关节呈 90° 弯曲状。

③ 手指稍微且倾斜放于键盘按键上，利用手腕的力量轻轻敲击键盘按键。

④ 打字时，文稿放在键盘左边，或用专用工具将其竖直放置在显示器旁边。力求"盲打"，即打字时眼观文稿，不看键盘。

（2）正确的基本指法。

准备打字时，除拇指外，其余 8 根手指稍微弯曲，分别放在 8 个基本键上，拇指放在空格键上，做到十指分工明确。基本键位如图 1-5 所示，10 根手指各自负责的键位如图 1-6 所示。

图 1-5　基本键位图

图 1-6　手指分工图

（3）学习使用打字软件进行打字练习。

目前，比较常用的打字软件是《金山打字通》（TypeEasy）。《金山打字通》是金山公司推出的一款功能齐全、数据丰富、界面友好、集打字练习和打字测试于一体的打字软件。《金山打字通 2016》主界面如图 1-7 所示。

图 1-7 《金山打字通 2016》主界面

三、实训练习

1. 了解计算机的各个组成部分，掌握启动计算机的方法。

2. 启动计算机，观察 Windows 7 操作系统的启动过程。

3. 通过执行"开始"→"所有程序"→"游戏"→"扫雷"命令，运行《扫雷》游戏，以练习鼠标的单击、双击和右击等操作；运行《蜘蛛纸牌》游戏，练习鼠标的单击、拖曳等操作。

4. 运行《金山打字通 2016》软件，进行打字练习，掌握输入中英文的方法。

实训2　Windows 7的基本操作

一、实训目的

1. 了解 Windows 7 桌面的组成，掌握修改桌面图标的排序方式的方法。

2. 了解任务栏的组成，掌握任务栏的相关操作方法。

3. 掌握一种汉字输入法。

4. 掌握英文、数字、汉字、全角／半角字符、图形符号和标点符号等的输入方法。

二、实训内容和步骤

1. 了解 Windows 7 桌面的组成，掌握修改桌面图标的排序方式的方法。

（1）启动计算机，出现桌面。

桌面由桌面背景、桌面图标和任务栏组成。桌面背景是屏幕的主体部分所显示的图像，用户可以根据自己的需要或偏好更换桌面背景，其作用是美化屏幕。桌面图标由一张可以反映对象类型的图片和相关的文字说明组成，一个图标可以代表一个工具、程序或文件。任务栏一般位于屏幕的最下方，应该包括"开始"菜单、快速启动栏、应用程序栏和通知区域。

（2）可将桌面图标分别按"名称""大小""项目类型""修改日期"进行排序。

具体操作步骤如下。

① 在桌面空白处右击，弹出快捷菜单，如图 2-1 中的左侧所示。

② 将鼠标指针移至快捷菜单中的"排序方式"选项，即可出现

"排序方式"的级联菜单，如图2-1中的右侧所示。通过单击鼠标左键选择"名称""大小""项目类型""修改日期"选项即可修改桌面图标的排序方式。

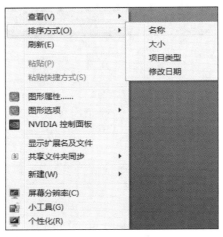

图 2-1　快捷菜单

2. 掌握任务栏的相关操作方法。

（1）移动任务栏。

具体操作步骤如下。

① 在任务栏的空白处右击，弹出"任务栏"快捷菜单，如图2-2所示。选择"锁定任务栏"选项以取消锁定。

② 将鼠标指针移至任务栏的空白处，按住鼠标左键并拖动鼠标，即可将任务栏移动到桌面的左侧、右侧或顶部。

（2）隐藏任务栏。

具体操作步骤如下。

① 在"任务栏"快捷菜单（见图2-2）中选择"属性"选项。

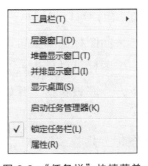

图 2-2　"任务栏"快捷菜单

② 在弹出的"任务栏和'开始'菜单属性"对话框中选择"任务栏"选项卡，选中"自动隐藏任务栏"复选框，再单击"确定"按钮即可隐藏任务栏。

此时，任务栏在桌面上已不可见。当鼠标指针移至桌面底部时，任务栏会出现；而移开鼠标指针时，任务栏将隐藏起来。

（3）更改任务栏的大小。

① 在任务栏的空白处右击，弹出"任务栏"快捷菜单，如图 2-2 所示。选择"锁定任务栏"选项以取消锁定。

② 将鼠标指针移至任务栏边缘，指针变为双向箭头。

③ 按住鼠标左键并向上拖动鼠标，则任务栏高度增加；若在任务栏高度已增加的情况下按住鼠标左键并向下拖动鼠标，则任务栏高度将减小。

3．熟悉输入法的启动及转换方法，掌握一种汉字输入法（以"微软拼音输入法"为例）。

（1）输入法的转换。

Windows 7 提供的输入法有多种，各种输入法的常用转换方法有以下 3 种。

① 单击任务栏右侧通知区域中的输入法指示器▦，在弹出的输入法列表中选择所需的输入法。

② 按【Ctrl+Space】快捷键，可以实现中英文的转换。

③ 反复按【Ctrl+Shift】快捷键直至出现所需的输入法。

（2）全角和半角之间的转换以及中英文标点的转换。

① 单击输入法状态条上的半月形或圆形按钮，或者按【Shift+Space】快捷键都可实现全角和半角之间的转换。

② 单击输入法状态条上的标点符号按钮，或者按【Ctrl+.】快捷键均可实现中英文标点的转换。

（3）特殊字符的输入。

单击输入法状态条上的"软键盘"按钮，在弹出的快捷菜单中选择"特殊符号"选项，即可弹出键盘图样，在该图样中分布着当前类别中的所有字符，如图 2-3 所示；可在键盘上敲击相应的按键以输入特殊字符，也可单击键盘图样中所需的特殊字符以完成输入；最后单击输入法状态条上的"软键盘"按钮，即可关闭软键盘回到正常的输入状态。

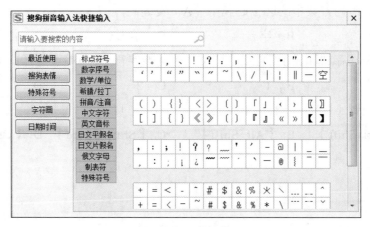

图 2-3　插入特殊符号

4. 运行"记事本"应用程序，在"记事本"窗口内输入一些内容，输入完毕后关闭"记事本"窗口，不要保存文件。

输入的内容可自选，若要输入汉字，则键盘应处于小写状态，并且确保输入法状态框处于中文输入状态。在大写状态下不能输入汉字，利用【Caps Lock】键可以切换大、小写状态。单击输入法状态框最左端的"中文/英文"按钮可以切换中文、英文输入状态。

在记事本中输入如下内容。

标点符号：。　，　、　；　…　～　〖　【　《　『

数学符号：≈　≠　≤　≮　∷　±　÷　∫　Σ　∏

特殊符号：§　№　☆　★　○　●　◎　◇　◆　※

具体操作步骤如下。

（1）通过执行"开始"→"所有程序"→"附件"→"记事本"命令新建一个"记事本"文件。

（2）单击任务栏右侧通知区域的输入法指示器，在弹出的输入法列表中选择一种汉字输入法（如"搜狗拼音输入法"或"智能 ABC 输入法"）。

（3）按照要求将内容输入记事本。

（4）输入完毕后，关闭"记事本"窗口但不保存文件。

三、实训练习

1. 正确启动 Windows 7，了解 Windows 7 桌面的各个组成部分：桌面背景、桌面图标和任务栏。

2. 将桌面图标分别按名称、大小、项目类型、修改日期排序，观察不同排序效果。

3. 将任务栏移动到屏幕顶部，并且将其隐藏起来。

4. 为 Windows 7 添加一种新的中文输入法，掌握切换输入法的方法。

5. 打开"记事本"窗口，输入下面的内容，熟练掌握中英文输入状态的切换方法。

① 汉字输入编码方案中的区位码属于（A）类编码。

A. 数字　　　　　　B. 字音　　　　　　C. 字形　　　　　　D. 混合

② 全角字符在存储和显示时要占用（C）个标准字符位。（单项选择题）

A. 0.5　　　　　　B. 1　　　　　　　C. 2　　　　　　　D. 4

③ 使用快捷键（D）可以实现中英文输入法的快速切换。

A.【Ctrl+Shift】　　B.【Alt+Shift】　　C.【Shift+Space】　D.【Ctrl+Space】

实训3 Windows 7的窗口操作

一、实训目的

1. 认识"计算机"和资源管理器。

2. 熟悉 Windows 7 的窗口，熟练掌握窗口的基本操作。

3. 熟悉资源管理器窗口的组成，掌握资源管理器的使用方法。

二、实训内容和步骤

1. 双击"计算机"图标，打开"计算机"窗口，熟悉 Windows 7 的窗口并进行下列操作。

（1）打开"计算机"窗口，了解窗口的基本组成。

在桌面上双击"计算机"图标即可打开窗口，如图 3-1 所示。

（2）分别打开该窗口中的"文件""编辑""查看"菜单，熟悉窗口的基本组成和"文件"菜单中的选项。对于有组合键的命令，应熟悉其对应的组合键。

在打开的"计算机"窗口（见图 3-1）中，分别单击菜单栏中的"文件""编辑""查看"菜单，即可打开对应的菜单，观察其中的选项。

2. 先后打开"计算机"窗口、"网络"窗口、"回收站"窗口，并分别按"堆叠显示窗口""并排显示窗口""层叠窗口"的方式对这 3 个窗口进行排列，然后将所有窗口最小化。关闭所有窗口，然后注销，最后再重新进入系统。

具体操作步骤如下。

（1）先后双击"计算机""网络""回收站"图标，即可分别打开 3 个窗口。

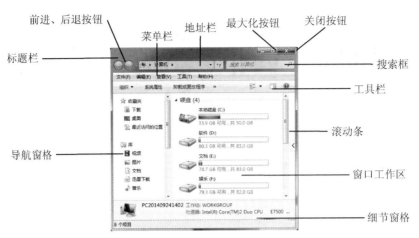

图 3-1　窗口的一般组成

（2）在任务栏的空白处右击，弹出"任务栏"快捷菜单（见图 3-2），在快捷菜单中选择所需的多窗口的排列方式即可排列这 3 个窗口。

（3）分别单击各窗口的"最小化"按钮，即可将其最小化；然后分别单击各窗口的"关闭"按钮，即可关闭这些窗口。

（4）单击"开始"按钮，选择"关机"按钮右侧列表框中的"注销"选项，如图 3-3 所示；选择后即可回到系统的登录界面，然后可通过登录重新进入系统。

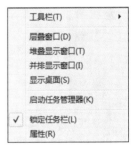

图 3-2　"任务栏"快捷菜单

图 3-3　选择"注销"选项

3. 打开资源管理器窗口，再将资源管理器窗口最大化；适当调整左右窗格的大小；了解资源管理器窗口的组成。

可以通过以下 2 种途径启动 Windows 7 的资源管理器。

（1）通过执行"开始→所有程序→附件→Windows 资源管理器"命令启动资源管理器。

（2）右击"开始"按钮，在弹出的快捷菜单中选择"打开 Windows 资源管理器"选项。

图 3-4 所示为资源管理器窗口。资源管理器窗口的左边是一个显示文件夹结构的窗格，这个窗格被称为导航窗格，通过其中的树形结构能够查看整个计算机系统的结构以及所有访问路径所对应的详细内容。

图 3-4　资源管理器窗口

4. 在资源管理器窗口中打开 C 盘中的"Windows"文件夹，分别以"大图标""小图标""列表""详细信息"4 种方式显示此文件夹中的对象；分别将图标的排序方式设置为"名称""大小""类型""修改日期"；再根据当前文件夹中的对象的相关信息回答下列问题。

以字母"A"开头的文件数：_____；2014 年以后创建的文件和文件夹数：_____；文本文件数：_____ ；大小不超过 2KB 的文件数：_____。

（1）窗口对象的显示。

Windows 的窗口对象有"列表""详细信息""平铺"等多种显示方式。在"查看"菜单中可以选择需要的显示方式。

（2）窗口对象的排序。

窗口对象可以按一定的要求排序，如按名称排列、按类型排列、按大小排列、按日期排列等。排序可以通过执行"查看"→"排序方式"命令进行，也可以通过选择在窗口工作区的空白处右击所得到的快捷菜单中的"排序方式"选项的级联菜单中的选项进行。

根据题目要求，不仅要对窗口对象进行排序，还要根据排序结果进行统计。

具体操作步骤如下。

① 选择"查看"→"选择详细信息"选项，在弹出的"选择详细信息"对话框中设置需要显示的文件和文件夹的详细信息。根据题意，应该选中"名称""大小""类型""修改日期"4个复选框，如图 3-5 所示。

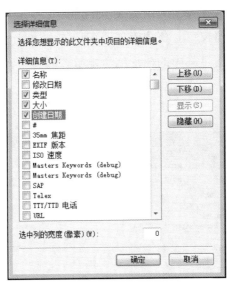

图 3-5 "选择详细信息"对话框

② 选择"详细信息"选项来显示窗口对象，效果如图 3-6 所示。

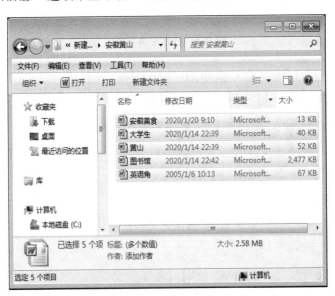

图 3-6 "详细信息"显示方式的效果

③ 按照题目要求，依次单击窗口工作区顶部的信息类别的名称，即可将窗口对象依次按照"名称""创建日期""类型""大小"排序，由此可以方便地统计出相关文件或文件夹的数目，然后将结果依次填到对应的横线上。

三、实训练习

1. 打开"计算机"窗口。

（1）练习 Windows 7 的窗口操作：最大化、最小化、还原、移动、改变大小、滚动和关闭。

（2）了解菜单栏中"文件""编辑""查看"等菜单的组成和各选项的功能。

2. 打开资源管理器窗口。

（1）在导航窗格中用文件夹的折叠与扩展功能来查看各硬盘中文件夹的组成情况。

（2）在窗口工作区中练习选取文件或文件夹，并以不同的显示方式（缩略图、平铺、图标、列表和详细信息）显示文件或文件夹。

（3）要求显示的文件或文件夹的详细信息包括名称、大小、创建日期、修改日期 4 个方面，并在已选择"详细信息"显示方式的前提下按不同的方式对文件或文件夹进行排序。

3. 打开几个应用程序的窗口，分别按照"层叠窗口""堆叠显示窗口""并排显示窗口"的方式对这几个窗口进行排列。

04 实训4 文件和文件夹操作

一、实训目的

1. 理解文件和文件夹的概念，掌握文件和文件夹的基本操作。
2. 掌握"剪贴板"和"回收站"的使用方法。
3. 掌握查找文件和文件夹的方法。
4. 掌握设置文件夹属性的方法。

二、实训内容和步骤

1. 在资源管理器窗口中，完成下列操作。

（1）查看 C:\Windows 文件夹的常规属性，主要包括以下几项。

大小：_____。占用空间：_____。包含的文件数：_____。包含的文件夹数：_____。创建时间：_____。

具体操作步骤如下。

① 选择"开始"→"所有程序"→"附件"→"打开 Windows 资源管理器"选项，即可打开资源管理器窗口；在其左侧的导航窗格中选择"本地磁盘（C:）"选项，即可打开 C 盘。

② 在 C 盘中右击"Windows"文件夹，在弹出的快捷菜单中选择"属性"选项，在弹出的"Windows 属性"对话框中显示了该文件夹的相关信息，如图 4-1 所示。根据图中的相关信息将结果填到相应的横线上。

（2）将"tip.htm"文件的属性设置为"隐藏"。

具体操作步骤如下。

① 在"Windows"文件夹中打开"Web"文件夹，在窗口工作区中找到"tip.htm"文件。

图 4-1　C 盘中的"Windows"文件夹的相关信息

② 右击该文件，在弹出的快捷菜单中选择"属性"选项，在弹出的"tip.htm 属性"对话框中选中"隐藏"复选框，再单击"确定"按钮即可将其属性设置为"隐藏"。

（3）在桌面上为"Windows"文件夹创建快捷方式，再将其删除。

具体操作步骤如下。

① 在 C 盘中右击"Windows"文件夹，将鼠标指针移至弹出的快捷菜单中的"发送到"选项，在级联菜单中选择"桌面快捷方式"选项即可创建快捷方式。

② 右击桌面上的快捷方式，在弹出的快捷菜单中选择"删除"选项，即可弹出"删除快捷方式"对话框。单击"是"按钮即可删除快捷方式。

2．掌握创建、移动、复制和删除文件以及文件夹的方法，根据要求完成下列操作。

（1）在 D 盘创建名为"USER"的文件夹，并在该文件夹中创建名为"ABC"和"DEF"的文件夹。

新建文件夹的方法如下。

① 进入 D 盘，在窗口工作区的空白部分右击，在弹出的快捷菜单中选择"新建"→"文件夹"选项，然后将新建的文件夹命名为"USER"。

② 打开"USER"文件夹，利用以上方法再创建名为"ABC"和"DEF"的文件夹，结果如图 4-2 所示。

（2）在"ABC"文件夹中建立名为"TEST1.txt"的文本文件。在所创建的文本文件中输入以下内容后保存。输入内容如下：汉字输入是每个用户应当掌握的一种技能。Windows 7 为用户提供了多种汉字输入法，并且允许不同的应用程序拥有不同的输入环境。这样为用户快速、准确地输入中文提供了便利。

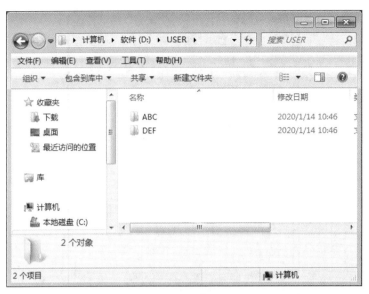

图 4-2 "USER" 文件夹

具体操作步骤如下。

① 打开"ABC"文件夹，在窗口工作区的空白处右击，并在弹出的快捷菜单中选择"新建"→"文本文档"选项，然后将新建的文档命名为"TEST1.txt"，如图 4-3 所示。

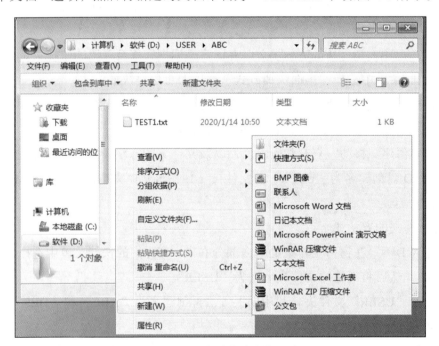

图 4-3 新建文本文档

② 打开"TEST1.txt"文件，在其中输入指定的内容，然后关闭文件，并根据提示保存该文件。

（3）将"TEST1.txt"文件复制到桌面上，并将原文件重命名为"文件操作练习.txt"；再把 DEF 文件夹移动到桌面上。

① 文件或文件夹的复制。

方法一：在"TEST1.txt"文件上右击，在弹出的快捷菜单中选择"复制"命令；再在桌面空白处右击，在弹出的快捷菜单中选择"粘贴"命令。

方法二：选中"TEST1.txt"文件，按【Ctrl+C】快捷键，再在桌面上按【Ctrl+V】快捷键。

② 文件和文件夹的重命名。

右击 ABC 文件夹中的"TEST1.txt"文件，在弹出的快捷菜单中选择"重命名"命令，然后将原文件的名称改为"文件操作练习.txt"即可。

③ 文件和文件夹的移动。

方法一：在"DEF"文件夹上右击，在弹出的快捷菜单中选择"剪切"命令，再在桌面空白处右击，在弹出的快捷菜单中选择"粘贴"命令。

方法二：选中"DEF"文件夹并按【Ctrl+X】快捷键，再在桌面上按【Ctrl+V】快捷键。

（4）查看桌面上的"TEST1.txt"文件的属性，将其属性改为"只读"；删除 ABC 文件夹中的"文件操作练习.txt"文件，再将桌面上的"TEST1.txt"文件永久删除。

① 文件属性的查看与修改。

右击"TEST1.txt"文件，在弹出的快捷菜单中选择"属性"命令，弹出"属性"对话框，即可查看文件的属性；在"常规"属性中，选中"只读"复选框，即可将其改为只读文件。

② 文件的删除与"回收站"的使用。

删除文件的方法很多，常用的方法有以下 2 种。

方法一：右击"文件操作练习.txt"文件，在弹出的快捷菜单中选择"删除"命令，根据提示操作即可将文件放入"回收站"，如图 4-4 所示。

图 4-4　文件删除提示

方法二：选中"文件操作练习.txt"文件后按【Delete】键，根据提示操作即可删除该文件并将其放入"回收站"。

以上的"删除"均为"回收站删除"，即只是将所要删除的文件放入"回收站"，并未真正将其从计算机中删除。

还可以将放入"回收站"的文件恢复到原来的位置。在桌面上双击"回收站"图标，在打开的"回收站"窗口中找到已删除的文件或文件夹，选中它之后在窗口工作区上方选择"还原此项目"选项，即可将该文件或文件夹恢复到原来的位置；或者右击该文件或文件夹，在弹出的快捷菜单中选择"还原"命令（见图 4-5），也可以将此文件或文件夹恢复到原来的位置。

图 4-5　在"回收站"中还原文件

"文件的永久删除"是指将文件或文件夹真正从计算机中删除，删除之后无法将其恢复。常用的方法有以下 2 种。

方法一：选中桌面上的"TEST1.txt"文件，按【Shift+Delete】快捷键，根据提示操作即可永久删除该文件，如图 4-6 所示。

图 4-6　"永久删除"提示

方法二：先将文件放入"回收站"，然后在"回收站"中找到该文件，再删除一次即可。

3．搜索文件或文件夹，完成如下操作。

（1）查找 C 盘中扩展名为"．txt"的文件。

（2）查找计算机中扩展名为"．exe"、修改时间在 2020 年 1 月 14 日之前的文件。

搜索文件或文件夹时，先按【Win+E】快捷键打开"计算机"窗口，在窗口的右上角可看到搜索框。单击搜索框，可以看到一个下拉列表，列表中会列出搜索历史和搜索筛选器。在"添加搜索筛选器"文字下方，可以看到蓝色的文字，如"修改日期："　"大小："等。输入所需搜索的内容，系统即可在指定的范围中查找，并在右侧的窗口工作区中显示最终的搜索结果，如图 4-7 所示。

图 4-7　显示"搜索结果"

具体操作步骤如下。

① 单击地址栏旁边的三角形按钮，可导航到 C 盘；在搜索框中输入"＊.txt"，即可查找扩展名为"．txt"的文件。

② 单击地址栏旁边的三角形按钮，可导航到指定的位置；在搜索框中输入"＊.exe"，然后单击"修改日期"，再通过单击鼠标左键输入"2020-1-14"即可查找修改时间在 2020 年 1 月 14 日之前、扩展名为"．exe"的文件。

4．设置或取消下列文件或文件夹的查看选项，并观察其中的区别。

（1）显示所有文件和文件夹。

（2）隐藏受保护的操作系统文件。

（3）隐藏已知文件类型的扩展名。

在菜单栏中选择"工具"→"文件夹选项"命令，然后在弹出的对话框中的"查看"选项卡中设置，如图 4-8 所示。

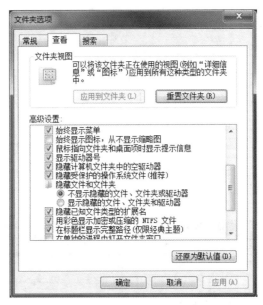

图 4-8 "文件夹选项"对话框的"查看"选项卡

三、实训练习

1. 练习文件和文件夹操作。

（1）在 C 盘中创建名为"TEMP"的文件夹，在 D 盘中创建名为"HELLO"的文件夹。

（2）将 C 盘中的"Windows"文件夹中所有文件名以"w"开头的扩展名为".exe"的文件复制到"TEMP"文件夹中。

（3）将"TEMP"文件夹移动到桌面上，并将其复制到 D 盘的"HELLO"文件夹中。

（4）删除"TEMP"文件夹中的全部文件，并将其中小于 60KB 的文件永久删除。

（5）将"HELLO"文件夹中所占空间最大的文件重命名为"LONG.exe"，并将它的属性改为"隐藏"。

2. 设置或取消文件或文件夹的查看选项，并观察其中的区别。

（1）显示或隐藏属性为"隐藏"的文件和文件夹。

（2）显示或隐藏已知文件类型的扩展名。

（3）在标题栏显示或隐藏完整路径。

3. 在 C 盘中的"Windows"文件夹中搜索以"c"开头、文件大小为 50KB～100KB、创建时间在 2020 年 1 月 1 日以后的文件。

实训5 系统设置和附件的使用

一、实训目的

1. 了解控制面板的组成与功能。
2. 掌握利用控制面板设置个性化工作环境的方法。
3. 掌握磁盘清理等系统工具的使用方法。
4. 掌握附件中常用应用程序的使用方法。

二、实训内容和步骤

1. 打开"控制面板"窗口，了解控制面板的组成和主要部件的功能。

启动控制面板的方法很多，"控制面板"窗口如图 5-1 所示。

图 5-1 "控制面板"窗口

（1）方法一：选择"开始"→"控制面板"命令。

（2）方法二：打开"计算机"窗口后，在窗口工作区上方选择"打开控制面板"选项。

2．按照下列要求设置显示属性。

（1）选择不同的桌面背景，并观察不同的背景效果。

具体操作步骤如下。

① 在"控制面板"窗口中单击"个性化"图标，或在桌面空白处右击，在弹出的快捷菜单中选择"个性化"选项，即可打开个性化设置窗口。

② 单击"桌面背景"选项卡，可以在此选项卡中选择不同的桌面背景，并观察不同的背景效果。

（2）选择"三维文字"屏幕保护程序，所显示的文字为"计算机屏幕保护"；将旋转类型设为"摇摆式"，等待时间设为1分钟，且在恢复时需显示登录屏幕。

① 在"控制面板"窗口中单击"个性化"图标，或在桌面空白处右击，在弹出的快捷菜单中选择"个性化"选项，即可打开个性化设置窗口。

② 在"屏幕保护程序"选项卡中操作：在"屏幕保护程序"的下拉列表框中选择"三维文字"选项；单击"设置"按钮，在弹出的对话框中编辑所要显示的文字，再将旋转类型设为"摇摆式"，设置完毕后单击"确定"按钮；再将等待时间设为1分钟，并选中"在恢复时显示登录屏幕"复选框。

③ 单击"应用"按钮，再单击"确定"按钮。

（3）查看屏幕分辨率。如果分辨率为"1 024像素×768像素"，则设置屏幕分辨率为"800像素×600像素"，否则，则设置为"1 024像素×768像素"。

① 在"控制面板"窗口中单击"个性化"图标。

② 单击窗口左下方的"显示"超链接，然后在新窗口的左上方单击"调整分辨率"超链接。

③ 在新打开的窗口中单击"分辨率"右侧的下拉按钮，即可通过拖动调节滑块来调整分辨率。

3．调整当前的系统日期并使其与实际日期一致，再找出2030年的6月27日是星期几。

（1）在"控制面板"窗口中单击"日期和时间"图标，或者单击任务栏最右端的时间，然后单击"更改日期和时间设置"超链接，即可弹出"日期和时间"对话框，如图5-2所示。在此对话框中可以对系统日期和时间进行设置。

（2）在日期和时间区域单击"更改日期和时间"按钮，在弹出的"日期和时间设置"对话框中将日期设置为2030年6月27日，即可看到对应的是星期四。

图 5-2　"日期和时间"对话框

4. 清除当前计算机硬盘中一些多余的文件，如上网时浏览的网页文件、非正常关机时未能及时删除的临时文件等，以释放被它们所占用的磁盘空间。

具体操作步骤如下。

（1）选择"开始"→"所有程序"→"附件"→"系统工具"→"磁盘清理"命令，即可启动"磁盘清理"程序。

（2）在弹出的"磁盘清理：驱动器选择"对话框中选择需要清理的磁盘。在图 5-3 所示的"（C:）的磁盘清理"对话框中选择需要清除的文件即可。

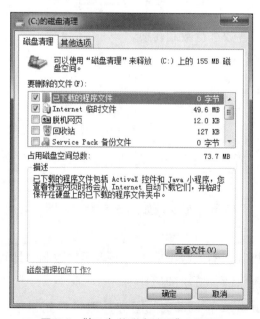

图 5-3　"（C:）的磁盘清理"对话框

5. 使用"画图"程序制作一幅精美的图片，并将该图片作为桌面背景。

具体操作步骤如下。

（1）选择"开始"→"所有程序"→"附件"→"画图"命令，即可启动"画图"程序。

（2）在"画图"窗口中图片制作完成后保存，选择"画图"→"设置为桌面背景"→"平铺"命令，如图 5-4 所示，即可将该图片作为桌面背景。

图 5-4　将图片设置为桌面背景

6. 利用计算器对下列各数进行数制转换。

（1）$(192)_{10}=(\quad)_2=(\quad)_8=(\quad)_{16}$。

（2）$(AF4)_{16}=(\quad)_2=(\quad)_{10}$。

（3）$(111001011)_2=(\quad)_{10}$。

具体操作步骤如下。

① 选择"开始"→"所有程序"→"附件"→"计算器"命令，即可启动"计算器"程序。

② 选择"查看"→"程序员"命令，如图 5-5 所示，即可将计算器由"科学型"转换为"程序员"。

③ 选择数据所属的数制，输入数据后单击所需要的数制，即可进行数制转换。

7. 利用控制面板观察当前计算机的属性。

在"控制面板"窗口中单击"系统"图标，即可看到当前计算机的属性，如图 5-6 所示。

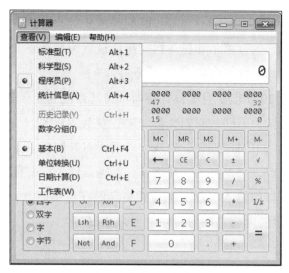

图 5-5　"计算器"窗口

图 5-6　当前计算机的属性

三、实训练习

1. 打开"控制面板"窗口，了解控制面板的组成和主要部件的功能。

2. 按如下要求进行设置。

（1）将主题设置为 Aero 主题中的"Windows 7"。

（2）将主题设置为 Aero 主题中的"建筑"。

（3）设置屏幕保护程序为"气泡"，等待时间为5分钟。

（4）将窗口边框、"开始"菜单和任务栏的颜色设置为"黄昏"。

（5）设置屏幕分辨率为"1 024像素×768像素"。

3．设置系统日期为2020年2月2日，随即再将其修改为当天的日期。

4．掌握使用计算器转换不同数制的数值和进行复杂运算的方法。

5．删除"游戏"程序中的"纸牌"游戏，然后再将其恢复。

6．打开"画图"窗口，画一幅画，并将其保存在桌面上，文件名为"我的画.bmp"。

7．在"写字板"窗口中输入一段文字，并将其保存在桌面上，文件名为"练习.doc"。
将文件"我的画.bmp"中的内容复制到文件"练习.doc"中。

实训6　Word 2010的基本操作

一、实训目的

1. 了解 Word 2010 程序的启动、退出方法和 Word 2010 窗口的组成。

2. 熟练掌握 Word 2010 环境下新建、打开、保存和关闭文件的方法。

3. 熟练掌握 Word 2010 环境下的编辑、修改、删除文字的方法。

4. 掌握选定、复制、移动、删除文本的方法，熟悉撤销和恢复操作的方法。

5. 熟练掌握查找和替换文本的方法。

二、实训内容和步骤

1. 启动 Word 2010 程序。

启动 Word 2010 程序的方法有以下几种。

（1）单击任务栏中的"开始"按钮，选择"所有程序"菜单项，单击"Microsoft Office"，再选择"Microsoft Word 2010"选项。

使用本方法启动 Word 2010 程序后，Word 2010 会自动创建一个名为"文档 1"的空白文档，如图 6-1 所示。单击快速访问工具栏的"新建"按钮或按【Ctrl+N】快捷键，又会打开一个 Word 2010 窗口，并新建一个名为"文档 2"的空白文档；继续类似操作，则新建的空白文档的名称依次为"文档 3""文档 4"……一个 Word 文档对应一个 Word 2010 窗口。

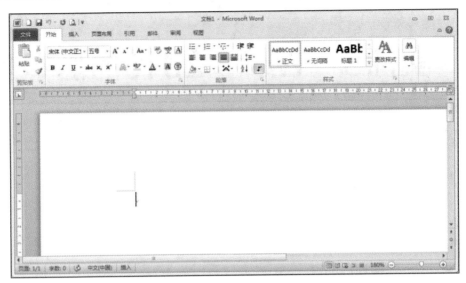

图 6-1　Word 2010 应用程序窗口

打开 Word 2010 窗口以后，通过单击快速访问工具栏的"打开"按钮、选择"文件"选项卡中的"打开"命令、按【Ctrl+O】快捷键、"文件"选项卡中的"最近所用文件"列表均可打开已经建立的 Word 文档。

（2）单击任务栏上的"快速启动栏"中的 Microsoft Word 2010 的图标或双击桌面上的 Microsoft Word 2010 的快捷方式。

使用本方法启动 Word 2010 程序的结果与（1）相同，但更加方便。

（3）单击任务栏上的"开始"按钮，在"搜索程序和文件"框中输入"WinWord"命令。

使用本方法启动 Word 2010 程序的结果与（1）相同。

（4）双击已建立的 Word 文档的图标。

在桌面上找到并双击某个已建立的 Word 文档，即可启动 Word 2010 程序；或将鼠标指针移至"开始"菜单中的"最近使用的项目"选项上，然后在出现的级联菜单中单击某个 Word 文档，也可以启动 Word 2010 程序，并打开相应的已建立的 Word 文档。

2. 退出 Word 2010 程序。

退出 Word 2010 程序的方法有以下几种。

（1）单击 Word 2010 窗口右上角的关闭按钮。

（2）双击 Word 2010 窗口左上角的 Word 图标。

（3）按【Alt+F4】快捷键。

（4）选择"文件"选项卡中的"退出"命令。

如果打开了多个 Word 2010 窗口，使用前 3 种方法只能关闭当前的 Word 2010 窗口，而使用最后一种方法会同时关闭所有窗口，并退出 Word 2010 程序。

退出 Word 2010 程序时，如果打开的 Word 文档已经被编辑或修改过，但没有保存，Word 2010 会弹出提醒用户"是否将更改保存到'×××'中？"的对话框，可以通过单击"保存""不保存"或"取消"按钮来对已经编辑或修改过的 Word 文档进行"保存""不保存"或"取消关闭"操作。也可通过单击快速访问工具栏的"保存"按钮、选择"文件"选项卡中的"保存"命令或按【Ctrl+S】快捷键来保存 Word 文档。

3．观察 Word 2010 窗口的组成。

（1）标题栏：标题栏显示了当前打开的文档的名称；在标题栏的右边还设置了最小化、最大化（向下还原）和关闭 3 个按钮，借助这些按钮可以快速执行相应的操作。

（2）快速访问工具栏：在快速访问工具栏中，用户可以执行新建、保存、打开、撤销、恢复、打印预览和打印、快速打印等操作。

（3）"文件"选项卡：单击"文件"选项卡，在弹出的列表中包含"保存""另存为""打开""关闭""信息""最近所用文件""新建""打印""保存并发送""帮助""选项""退出"选项。

（4）功能区：功能区是 Word 2010 窗口的主要组成部分。功能区包含若干个围绕特定方案或对象而设置的选项卡。之前的版本大多以子菜单的模式为用户提供按钮，现在 Word 2010 以功能区的模式提供了几乎所有的按钮、库和对话框。在通常情况下，Word 2010 窗口的功能区包含"文件""开始""插入""页面布局""引用""邮件""审阅""视图"8 个选项卡，每个选项卡的控件又细化为不同的组。

将鼠标指针指向选项卡中的某一个按钮并稍作停留，按钮下方会显示该按钮的名称或简短解释。

（5）文档编辑区：文档编辑区是用户工作的主要区域，用来显示和编辑文档。在这个区域中经常使用到的工具包括水平标尺、垂直标尺等。在 Word 2010 默认的新文档中，可以看到在文档编辑区的左上角有一个不停闪烁的竖条，这叫插入点，其作用是指出正在编辑的位置。插入点后的灰色折线是文档的换行符。

（6）视图选择区：在文档编辑区的右下方单击相应的视图按钮或单击"视图"选项卡，可以选择"页面视图""阅读版式视图""Web 版式视图""大纲视图""草稿"5 种视图模式。

（7）标尺：标尺由水平标尺和垂直标尺两部分组成。水平标尺位于文档编辑区的顶端；在"页面视图"状态下，垂直标尺出现在文档编辑区的左边。标尺的功能在于缩进段落、调整页边距、改变栏宽以及设置制表位等方面。

（8）滚动条：单击滚动条，会出现当前页码等相关信息；拖动滚动条，使文档内容快速滚动时，相关信息将随滚动条位置的变化而发生变化。

（9）状态栏：包括显示页码、统计字数、发现校对错误、切换插入／改写方式、更改视图模式、显示比例和缩放滑块等辅助功能。

4．实例操作1。

（1）打开 Word 2010 窗口，新建"文档1""文档2""文档3"。

具体操作步骤如下。

单击任务栏上的"开始"按钮，将鼠标指针移至"所有程序"菜单项上，在弹出的列表中单击"Microsoft Office"选项，再选择"Microsoft Word 2010"命令，即可启动 Word 2010 程序。Word 2010 会自动创建一个名为"文档1"的空白文档，再单击两次快速访问工具栏中的"新建"按钮，即可新建名为"文档2"和"文档3"的空白文档。

（2）在"文档1"中输入以下文本，以"黄山风景区.docx"为文件名并将此文件保存在 D 盘的"练习文档"文件夹（如果该文件夹不存在，请先创建文件夹）中，最后关闭所有打开的 Word 2010 窗口。

输入如下文本。

黄山风景区

黄山是中国著名的风景区之一，也是世界闻名的旅游胜地。黄山风景区位于安徽省南部的黄山市，是中国十大风景名胜中唯一的山岳风景区，也是联合国授予的世界文化与自然双重遗产。

作为中国山之代表，黄山集中国名山之长。泰山之雄伟，华山之险峻，衡山之烟云，庐山之飞瀑，雁荡山之巧石，峨眉山之清凉，黄山无不兼而有之。黄山自古就有"五岳归来不看山，黄山归来不看岳"的美誉，更有"天下第一奇山"之称。黄山可以说无峰不石，无石不松，无松不奇，并以奇松、怪石、云海、温泉四绝著称于世。

黄山之美，是一种无法用语言来表述的意境之美，也是一种容易让人产生太多联想的人文之美。无论是艳阳高照下显现出的阳刚之美，还是云遮雾绕下若隐若现的妩媚之美，抑或是阳春三月里漫山遍野的鲜花所具有的浪漫之美，甚至是在雪花纷飞的严冬处处银妆素裹下的圣洁之美，都是黄山之美的一部分。当人们站在高山之巅时，看到的是漫无边际的云，如临于大海之滨，波起浪涌，水花飞溅，惊涛拍岸。云海是黄山四绝之一。漫天的云雾随风飘移，时而上升，时而下坠，时而回旋，时而舒展，构成奇特的千变万化的云海大观。每当云雾涌来时，整个黄山景区就会变成云的海洋。被浓雾笼罩的山峰突然显露出来，层层叠叠、隐隐约约，山之秀、之奇在这里被完美地体现出来。飘动着的云雾如一层面纱在山峦之间游移，景色千变万化，稍纵即逝。

具体操作步骤如下。

① 在"文档1"编辑窗口中输入上述文本内容后，选择"文件"选项卡中的"保存"命令，将弹出"另存为"对话框，如图6-2（a）所示。

② 在对话框左侧的"计算机"中选择 D 盘。

③ 在对话框右侧的空白处右击，在弹出的快捷菜单中选择"新建"→"文件夹"命令，如图 6-2（b）所示；然后将文件夹重命名为"练习文档"；双击"练习文档"文件夹，即可打开该文件夹。

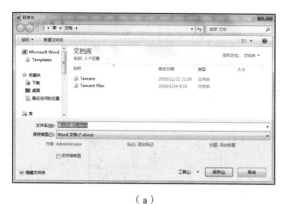

（a）

（b）

图 6-2　保存文件

④ 在"练习文档"文件夹中，文件名将自动设置为"文档 1"中的第 1 句话，即文件名自动设置为"黄山风景区.docx"，单击"保存"按钮，即可保存文件。

⑤ 选择"文件"→"退出"命令，将关闭所有打开的 Word 2010 窗口；对于没有保存的文件，Word 2010 将会弹出保存提示。

在上述文本输入过程中，可能使用到的技能有 5 种。

（1）通过单击确定插入点的位置。

（2）按【BackSpace】键删除插入点前的字符，按【Delete】键删除插入点后的字符。

（3）按【Home】键将光标移动到所在行的行首，按【End】键将光标移动到所在行的行尾，按【Page Up】键将光标移动到上一页，按【Page Down】键将光标移动到下一页。

（4）拖动滚动条来上、下翻页，按方向键来逐行或逐列移动光标。

（5）可以先将"文档 1"保存为"黄山风景区.docx"，然后输入文本内容。在输入文本的过程中可以随时使用【Ctrl+S】快捷键来保存文件。

（3）再次打开文件"黄山风景区.docx"，修改输入错误的地方；修改至完全正确后，关闭该文件。

依次尝试用以下方法打开文件"黄山风景区.docx"。

① 在"计算机"窗口中打开文件。在"计算机"窗口中找到并打开 D 盘中的"练习文档"文件夹，双击其中的"黄山风景区.docx"文件，即可打开该文件。

② 在"最近使用项目"中打开文件。选择"开始"→"最近使用项目"命令，找到文件

"黄山风景区.docx"，通过单击将其打开。

③ 在"文件"选项卡中的"最近所用文件"列表中打开文件。启动 Word 2010 程序后，在"文件"选项卡中的"最近所用文件"列表中找到文件"黄山风景区.docx"，通过单击将其打开。

④ 选择"文件"选项卡中的"打开"命令或按【Ctrl+O】快捷键打开文件。启动 Word 2010 程序后，选择"文件"→"打开"命令，弹出"打开"对话框，如图 6-3 所示；找到并选中"黄山风景区.docx"文件，再单击"打开"按钮，即可打开该文件；也可通过双击直接将其打开。

图 6-3 "打开"对话框

打开文件"黄山风景区.docx"后，修改输入错误的地方；确认无误后，单击"关闭"按钮，即可关闭 Word 2010 窗口。

5．选定文本。

移动、复制和删除文本之前，必须先选定该文本。用鼠标选定文本的方法如下。

（1）选定一个英文单词或汉字词组：双击该单词或汉字词组。

（2）选定一个句子：按住【Ctrl】键，再在句中的任意位置单击，即可选中两个句号之间的一个完整的句子。

（3）选定一行：将鼠标指针放置在行的左边，当指针变为向右的箭头时，单击，箭头所指的行即被选中。

（4）选定连续多行：将鼠标指针放置在连续多行的首行或末行的左边，当指针变为向右的箭头时，按住鼠标左键不放，然后向下或向上拖动鼠标即可选定连续的多行。

（5）选定某个段落：将鼠标指针放置在段落的左边，当指针变为向右的箭头时，双击，箭头所指的段落即被选中；也可通过在段落中的任意位置三击来选定某个段落。

（6）选定连续多个段落：先选定一个段落，但在最后一次按键时不要松，向上或者向下拖动鼠标即可选定连续多个段落。

（7）选定整篇文档：将鼠标指针放置在某个段落的左边，当指针变为向右的箭头时，三击，即可选定整篇文档；或按【Ctrl+A】快捷键，也可选定整篇文档。

（8）选定矩形文本区域：按住【Alt】键的同时，在要选择的文本上拖动鼠标，即可选定一个矩形文本区域。

若要取消选定，只需在所选定的文本内或外单击即可。

按住【Shift】键的同时，按下键盘上的 4 个方向键或【Home】键、【End】键，即可在插入点上方、下方、左边、右边选定文本。

①【Shift+↑】快捷键：从插入点开始选定到上一行相同位置。

②【Shift+↓】快捷键：从插入点开始选定到下一行相同位置。

③【Shift+←】快捷键：选定插入点左侧一个字符。

④【Shift+→】快捷键：选定插入点右侧一个字符。

⑤【Shift+Home】快捷键：选定从插入点至行首之间的内容。

⑥【Shift+End】快捷键：选定从插入点至行尾之间的内容。

6．复制、移动、删除文本的方法。

复制、移动、删除文本的方法有以下几种。

（1）工具组按钮法：选择"开始"选项卡下的"剪贴板"工具组中的"复制""剪切""粘贴"命令。

（2）快捷菜单法：在选定的文本上右击，在弹出的快捷菜单中选择"复制""剪切""粘贴"命令。

（3）键盘法：使用【Ctrl+C】快捷键（复制）、【Ctrl+X】快捷键（剪切）、【Ctrl+V】快捷键（粘贴）、【Delete】键（删除）。

可以将上述 3 种方法结合起来使用，以提高编辑速度和操作的灵活性。操作步骤如下。

（1）文本复制：选定文本→复制→在插入点单击→粘贴；或按住【Ctrl】键拖动文本到新位置。

（2）文本移动：选定文本→剪切→在插入点单击→粘贴；或直接拖动文本到新位置。

（3）文本删除：选定文本→剪切或按【Delete】键。

7．撤销、恢复、查找、替换操作。

（1）撤销：可以单击快速访问工具栏中的"撤销键入"按钮或使用【Ctrl+Z】快捷键。

（2）恢复：可以单击快速访问工具栏中的"恢复键入"按钮或使用【Ctrl+Y】快捷键。

（3）查找：可以在"开始"选项卡下的"编辑"工具组中选择"查找"命令，或使用

【Ctrl+F】快捷键，弹出"导航"对话框；在"查找内容"文本框中输入要查找的内容，然后进行查找操作。

（4）替换：可以在"开始"选项卡下的"编辑"工具组中选择"替换"命令，或使用【Ctrl+H】快捷键，弹出"查找和替换"对话框；在"查找内容"文本框中输入被替换的内容，在"替换为"文本框中输入替换的内容，然后根据需要进行替换操作。

8. 实例操作2。

（1）启动 Word 2010 程序，在文档中录入以下内容，并以"猪流感.docx"为文件名；录入完毕后保存，保存路径自由选择。

什么是猪流感？

猪流行性感冒（以下简称猪流感）是猪的一种急性、传染性呼吸系统疾病，其特征为突发、咳嗽、呼吸困难、发热及迅速转归。猪流感是猪体内因病毒而引起的呼吸系统疾病。猪流感由甲型流感病毒（A 型流感病毒）引发，通常暴发于猪之间，传染性很高但通常不会引发死亡。秋冬季属高发期，但全年可传播。猪流感病毒多被辨识为丙型流感病毒（C 型流感病毒）或甲型流感病毒的亚种之一，该病毒可使猪流感在猪群中暴发。

甲型流感病毒的种类很多，其中 H1N1、H1N2、H3N1、H3N2 和 H2N3 亚型的甲型流感病毒都能引发猪流感。与禽流感不同，猪流感能够以人传人。曾经发生过人类感染猪流感的事件，但未出现过人传人的案例。2009 年 4 月，墨西哥公布人传人的猪流感案例，有关案例是一宗人感染甲型流感病毒的病例。猪流感的症状：39℃以上的高烧、剧烈头疼、肌肉疼痛、咳嗽、鼻塞、红眼等。

猪流感病毒（SIV）是猪群中一种可引起地方性流行性感冒的正黏液病毒。世界卫生组织将猪流感更名为甲型 H1N1 流感。

具体操作步骤与实例操作 1 的步骤（2）类似，从略。

（2）打开"猪流感.docx"文档，尝试选定文本的一行、一段和整篇文档。将其中的"猪流感"替换为"甲型 H1N1 流感"，但不替换最后一段的"猪流感"，完成后以文件名"甲型 H1N1 流感.docx"为文件名保存文档。

具体操作步骤如下。

① 打开"猪流感.docx"文档，在正文的第 1 段中单击，以使插入点位于第 1 段中，再分别双击、三击，并观察文本的选定情况；将鼠标指针移至文档左边的选定栏，分别单击、双击、三击，并观察文本的选定情况。

② 在"开始"选项卡下的"编辑"工具组中选择"替换"命令，弹出"查找和替换"对话框，如图 6-4 所示。在"查找内容"文本框中输入"猪流感"，在"替换为"文本框中输入"甲型 H1N1 流感"；单击"查找下一处"按钮，然后根据需要单击"替换"按钮或继续单击"查找下一处"（即不替换）按钮，注意在查找至最后一段时单击"取消"（不替换且结束查找和替换）按钮。

图 6-4 "查找和替换"对话框

③ 完成后选择"文件"→"另存为"命令，并以"甲型 H1N1 流感.docx"为文件名保存。

（3）将文档"甲型 H1N1 流感.docx"的正文的第 2 段中的"2009 年 4 月，……红眼等。"移动到文档的最后，并作为一个自然段。

具体操作步骤如下：将光标移到正文第 2 段中的"2009 年 4 月"中的"2"之前，按住鼠标左键并向右拖动，直到选中"红眼等。"后才释放左键；右击选定的文本，在弹出的快捷菜单中选择"剪切"命令，然后将光标移到文档的最后并按【Enter】键；在光标处右击，在弹出的快捷菜单中选择"粘贴"命令，即可将选定的文本移动到最后并将其作为一个自然段。

（4）把正文的第 1 段复制到正文的第 2、3 段之间，然后将复制后的段落中的"猪流感由甲型流感病毒（A 型流感病毒）引发，……或甲型流感病毒的亚种之一，"删除。

具体操作步骤如下：选定正文的第 1 段（包括段落末尾的回车符），单击"复制"按钮；将光标移到第 3 段之前而不是第 2 段末尾，按【Ctrl+V】快捷键粘贴；再选择该段落中的文本"猪流感由甲型流感病毒（A 型流感病毒）引发，……或甲型流感病毒的亚种之一，"，按【Delete】键删除选定的文本。

（5）撤销步骤（4）和步骤（3）的操作，然后恢复步骤（3）的操作。

具体操作步骤如下：单击快速访问工具栏中的"撤销"按钮，直到恢复为步骤（3）之前的文档；然后单击"恢复键入"按钮，即可恢复步骤（3）的操作。

三、实训练习

1. 启动 Word 2010 程序，在文档中录入以下内容。

计算机的应用范围

计算机的应用范围几乎涉及一切领域，主要包括以下几个方面。

（1）科学计算：航空及航天技术、气象预报、晶体结构研究等领域都需要求解各种复杂的方程式，必须借助于计算机才能完成。

（2）自动控制：利用计算机自动控制生产过程能节省大量的人力和物力，获得更加优质的产品；另外，可以借助于计算机在卫星等的发射过程中进行实时控制。

（3）数据处理：在科技情报及图书资料等的管理方面，需要处理的数据量非常庞大，例如对数据的加工、合并、分类、自动控制和统计等。

（4）人工智能：这是计算机应用研究方面最前沿的学科领域，它是指用计算机系统来模拟人的智能行为，在模式识别、自然语言理解、专家系统、自动程序设计和机器人等方面都有应用。

（5）计算机辅助设计（Computer Aided Design，CAD）：CAD广泛应用于飞机、建筑物及计算机本身的设计。

（6）计算机辅助教学（Computer Aided Instruction，CAI）：CAI是指利用多媒体教育软件进行远程教育和工程培训等。

2．按要求完成下列操作。

（1）以"计算机应用.docx"为文件名保存文档并退出 Word 2010 程序（路径自定）。

（2）再次打开文档"计算机应用.docx"，修改输入错误的文本内容，并将其另存为"计算机应用领域.docx"。

（3）在文档"计算机应用领域.docx"中，将其中的"计算机"全部替换为"电脑"；再将序号为（3）、（4）的两个自然段的内容互换，互换后序号仍然按正序排列。

（4）撤销步骤（3）的操作。

07

实训7　Word 2010中字符和段落格式的设置

一、实训目的

1. 掌握 Word 2010 中字符格式的设置方法。

2. 掌握 Word 2010 中段落格式的设置方法。

3. 掌握 Word 2010 中超链接的设置方法。

二、实训内容和步骤

1. 字符格式设置

打开文档"黄山风景区 .docx"，将文件另存为"黄山风景区 1.docx"，在"黄山风景区 1.docx"中完成下列操作。

（1）将标题文本"黄山风景区"设置为居中、红色、黑体、倾斜、二号字，并加蓝色双波浪线下划线。

具体操作步骤如下。

① 选定标题文本"黄山风景区"，单击"开始"选项卡下的"字体"工具组右下角的对话框启动器，弹出"字体"对话框。

② 在"字体"对话框中设置中文字体为"黑体"、字形为"倾斜"、字号为"二号"、字体颜色为"红色"（在标准色中选择"红色"）、下划线线型为"双波浪线"、下划线颜色为"蓝色"，相关设置如图 7-1 所示。

③ 设置完毕后，单击"确定"按钮。

④ 单击"段落"工具组中的"居中"按钮，使文本居中。

图 7-1 "字体"对话框

在"字体"对话框中可以设置上标、下标、小型大写字母及字符间距等效果，还可以利用"文字效果"选项设置轮廓样式、阴影、映像、发光和柔化边缘等文字效果。部分文字效果如图 7-2 所示。

$$y=a_2x^2+a_1x+a_0$$

轮廓·····阴影··映像·· 发光

图 7-2 部分文字效果示例

图 7-2 中的原始输入内容为 y=a2x2+a1x+a0，将字体设置为 Times New Roman，y、a、x 设为斜体，第 1 个 2 与 1、0 设为下标，第 2 个 2 设为上标，所得到的结果为 $y=a_2x^2+a_1x+a_0$；轮廓、阴影、映像、发光等效果可利用"文字效果"选项来设置。

（2）将正文文本设置为蓝色、楷体、加粗、五号字。

具体操作步骤如下：选定除标题以外的其他所有文本，与（1）中的步骤类似，设置完毕后，单击"确定"按钮。

2. 段落格式设置

（1）将正文的段落格式设置为：两端对齐，首行缩进 2 字符，行距为固定值且为 20 磅，段前、段后各留 0.5 行。

具体操作步骤如下。

① 选定除标题以外的其他所有文本，单击"开始"选项卡下的"段落"工具组右下角的对话框启动器，弹出"段落"对话框。

② 在"缩进和间距"选项卡下的"常规"选项区域中设置对齐方式为"两端对齐"；在

"缩进"选项区域中设置特殊格式为"首行缩进",磅值为"2 字符";在"间距"选项区域中设置行距为"固定值",设置值为"20 磅",段前、段后均为"0.5 行",相关设置如图 7-3 所示。设置完毕后,单击"确定"按钮。

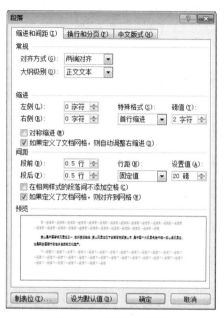

图 7-3　"段落"对话框

（2）为正文第 2 段设置边框和底纹:边框样式为红色、1.0 磅、单实线方框;底纹的图案样式为 5%,颜色为"白色,背景 1,深色 25%",效果如图 7-4 所示。

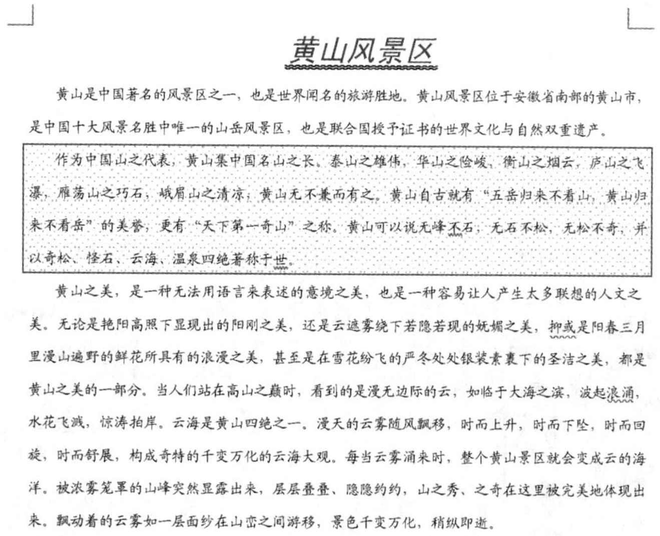

图 7-4　设置段落格式后的效果

具体操作步骤如下。

① 选中正文第 2 段,单击"开始"选项卡下的"段落"工具组中的"下框线"按钮右

侧的下拉按钮，在弹出的下拉列表中选择"边框和底纹"选项，即可弹出"边框和底纹"对话框，如图 7-5 所示。

图 7-5 "边框和底纹"对话框

② 在"边框"选项卡下的"设置"选项区域中选择"方框"，设置样式为"单实线"，颜色为"红色"，宽度为"1.0 磅"，并设置应用于"段落"；在"底纹"选项卡下的"图案"选项区域中设置样式为"5%"，颜色为"白色，背景 1，深色 25%"，并设置应用于"段落"。

③ 设置完毕后，单击"确定"按钮。

3．超链接设置

将标题"黄山风景区"链接到黄山旅游集团网页。

具体操作步骤如下。

（1）选中标题"黄山风景区"。

（2）单击"插入"选项卡下的"链接"工具组中的"超链接"按钮，即可弹出"插入超链接"对话框。

（3）在"链接到"选项区域中单击"现有文件或网页"按钮。

（4）在"地址"文本框中输入黄山旅游集团网址，设置完毕后的对话框如图 7-6 所示。

图 7-6 "插入超链接"对话框

（5）单击"确定"按钮。

三、实训练习

打开文档"计算机应用.docx"，完成以下操作。

1. 将标题文本"计算机应用"设置为居中、蓝色、隶书、加粗、倾斜、小二号字，并添加着重号。

2. 将正文的段落格式设置为：两端对齐，首行缩进 2 字符，1.5 倍行距，段前留 0.5 行。

3. 将正文文本设置为红色、楷体、加粗、小四号字，字符间距为加宽、磅值为 2 磅。

4. 将标题文本的底纹的图案样式设置为 10%，颜色为红色。

5. 给正文文本添加应用于文字的方框和应用于段落的蓝色底纹，并将底纹的图案样式设置为 15%。

6. 将文中所有的"计算机"设置为黄色、加粗字体。

08

实训8 Word 2010中图形、公式、艺术字等的使用方法

一、实训目的

1. 掌握在文档中插入图形的方法。

2. 熟悉图形格式的设置和编辑方法。

3. 学会插入和编辑公式、艺术字、SmartArt 图形等对象。

二、实训内容和步骤

1. 图片的插入与编辑。

（1）将计算机中已有的图片插入文档。

具体操作步骤如下。

① 在文档中确定欲插入图片的位置。

② 单击"插入"选项卡下的"插图"工具组中的"图片"按钮，即可弹出"插入图片"对话框。

③ 在"插入图片"对话框中选择欲插入的图片，单击"插入"按钮，即可插入图片。

（2）插入剪贴画。

具体操作步骤如下。

① 在文档中确定欲插入剪贴画的位置。

② 单击"插入"选项卡下的"插图"工具组中的"剪贴画"按钮，弹出"剪贴画"任务窗格。

③ 在"剪贴画"任务窗格中单击"搜索"按钮，搜索出所有剪贴画，如图 8-1 所示。

④ 找到欲插入的剪贴画缩略图，选中该剪贴画，即可将剪贴画插入当前光标所在的位置。

图 8-1　"剪贴画"任务窗格

（3）图片的编辑、裁剪。

● 缩放图片

具体操作步骤如下。

① 在图片中的任意位置单击，图片四周会出现 8 个控制点，如图 8-2（a）所示。

② 当鼠标指针与某控制点重叠时，鼠标指针变为双向箭头，按住鼠标左键沿某一方向拖动鼠标。

③ 当大小合适时，松开鼠标左键，即可改变图片的大小，效果如图 8-2（b）所示。

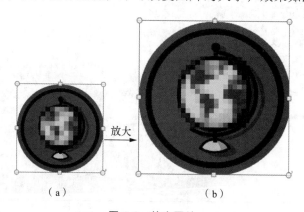

（a）　　　　　　　　（b）

图 8-2　放大图片

- 裁剪图片

具体操作步骤如下。

① 在图片中的任意位置单击，图片四周会出现 8 个控制点。

② 单击图片工具的"格式"选项卡下的"大小"工具组中的"裁剪"按钮。

③ 将裁剪形状的指针移到某个控制点上，按住鼠标左键，拖动鼠标朝图片内部移动，松开鼠标左键后即可裁剪掉相应的部分，如图 8-3 所示。

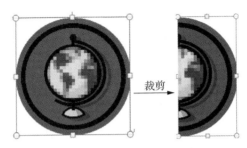

图 8-3　裁剪图片

另外，也可单击"裁剪"按钮下方的下拉按钮，在弹出的下拉列表中将鼠标指针移至"裁剪为形状"选项上，此时可在出现的级联菜单中选择其他形状来进行裁剪。

（4）设置图片的艺术效果。

具体操作步骤如下。

① 双击图片后单击"调整"工具组中的"艺术效果"按钮，即可弹出图 8-4 所示的下拉列表。

② 在弹出的下拉列表中为图片选择合适的艺术效果。

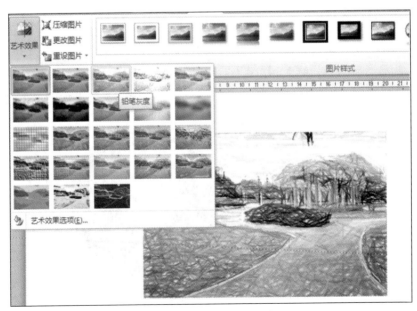

图 8-4　设置图片的艺术效果

（5）设置图片的阴影。

具体操作步骤如下。

① 双击图片后单击"图片样式"工具组中"图片效果"按钮，弹出图 8-5 所示的下拉列表。

图 8-5　设置图片的阴影

② 在弹出的下拉列表中将鼠标指针移至"阴影"选项上，此时可在出现的级联菜单中为图片选择合适的阴影效果。

（6）设置图片位置。

具体操作步骤如下。

① 单击要设置文字环绕的图片。

② 单击图片工具的"格式"选项卡下的"排列"工具组中的"位置"按钮，弹出下拉列表，如图 8-6 所示，可在其中选择相应的布局方式。

③ 若要为图片设置其他布局方式，可在图 8-6 所示的下拉列表中选择"其他布局选项"，弹出"布局"对话框，如图 8-7 所示，可在其中选择相应的选项。

图 8-6　下拉列表

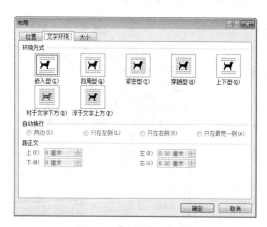

图 8-7　"布局"对话框

2．插入艺术字。

具体操作步骤如下。

（1）单击"插入"选项卡下的"文本"工具组中的"艺术字"按钮，出现图 8-8 所示的艺术字预设样式面板。

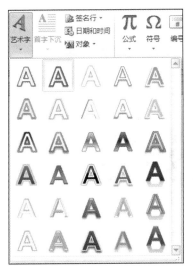

图 8-8　艺术字预设样式面板

（2）选择所需的艺术字样式，出现艺术字文本框，输入所需的文本。

生成艺术字后，选定艺术字对象，在绘图工具的"格式"选项卡中，可对艺术字的样式、排列方式等进行设置。

3．插入公式。

具体操作步骤如下。

（1）将光标置于相应的位置。

（2）单击"插入"选项卡下的"文本"工具组中的"对象"按钮，在弹出的"对象"对话框中选择"Microsoft 公式 3.0"选项，如图 8-9 所示；单击"确定"按钮后进入公式编辑状态，弹出公式工具栏和公式编辑框，如图 8-10 所示。

图 8-9　"对象"对话框

的格式。利用 Word 2010 的公式编辑器，可方便地制作具有专业水准的数学公式。创建数学公
式的一□

（1）□

（2）□

公式 3 □ □ soft
公式工具
栏和□ □所示。

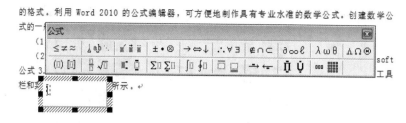

图 8-10　公式编辑框和公式工具栏

公式工具栏中的第一行是符号，即数学字符；第二行是模板，即积分、矩阵等公式符号，
这些模板带有一个或多个编辑框。

（3）在公式编辑框中输入公式，输入完毕后，在公式编辑框以外的地方单击以退出公式
编辑状态。

若要对已建立的公式进行图形编辑，则可以单击该公式，单击后会出现带有 8 个控制点
的虚框，通过拖动控制点可以对公式进行移动、缩放等操作；双击该公式，将会进入公式编
辑状态，此时可修改公式。

也可通过单击"插入"选项卡下的"符号"工具组中的"公式"按钮下方的下拉按钮，
在弹出的下拉菜单中选择内置公式或"插入新公式"命令来插入公式，然后利用公式工具的
"设计"选项卡（见图 8-11）来编辑公式。

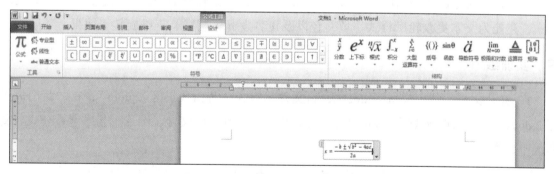

图 8-11　公式工具的"设计"选项卡

4．插入 SmartArt 图形。

具体操作步骤如下。

（1）将光标置于文档中要插入图形的位置。

（2）单击"插入"选项卡下的"插图"工具组中的"SmartArt"按钮，弹出"选择 SmartArt
图形"对话框，如图 8-12 所示。

（3）图 8-12 中的左侧列表中显示的是 Word 2010 提供的 SmartArt 图形的分类，若单击
某一种类别，在该对话框中间就会显示该类别下的所有 SmartArt 图形的示例。选择"层次结
构"分类下的组织结构图。

（4）单击"确定"按钮，即可在文档中插入图 8-13 所示的组织结构图。

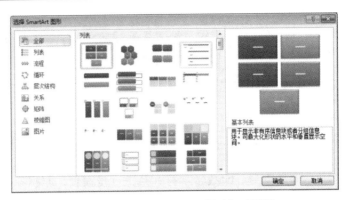

图 8-12 "选择 SmartArt 图形"对话框

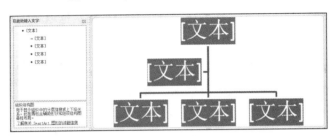

图 8-13 组织结构图

在文档中插入组织结构图后，在功能区会显示用于编辑 SmartArt 图形的"设计"和"格式"选项卡。通过这两个选项卡可以为 SmartArt 图形添加形状、更改布局、更改颜色、更改样式，还能为文本更改轮廓样式、填充色以及设置发光、阴影、三维旋转等效果。

三、实训练习

1. 打开文档"黄山风景区.docx"，将文件另存为"黄山风景区 2.docx"，在"黄山风景区 2.docx"中完成图 8-14 所示的图文混排效果，包括其中的文字、图片、艺术字、公式、文字水印效果等。

黄山风景区

黄山是中国著名的风景区之一，也是世界闻名的旅游胜地。黄山风景区位于安徽省南部的黄山市是中国十大风景名胜中唯一的山岳风景区，也是联合国授予证书的世界文化与自然双重遗产。

作为中国山之代表，黄山集中国名山之长。泰山之雄伟，华山之险峻，衡山之烟云，庐山之飞瀑，雁荡山之巧石，峨眉山之清凉，黄山无不兼而有之。黄山自古就有"五岳归来不看山，黄山归来不看岳"的美誉，更有"天下第一奇山"之称。黄山可以说无峰不石，无石不松，无松不奇，并以奇松、怪石、云海、温泉四绝著称于世。

黄山之美，是一种无法用语言来表述的意境之美，也是一种容易让人产生太多联想的人文之美。无论是艳阳高照下显现出的阳刚之美，还是云遮雾绕下若隐若现的妩媚之美，抑或是阳春三月里漫山遍野的鲜花所具有的浪漫之美，甚至是在雪花纷飞的严冬处处银装素裹下的圣洁之美，都是黄山之美的一部分。当人们站在高山之巅时，看到的是漫无边际的云，如临于大海之滨，波起浪涌，水花飞溅，惊涛拍岸。云海是黄山四绝之一。漫天的云雾随风飘移，时而上升，时而下坠，时而回旋，时而舒展，构成特的千变万化的云海大观。每当云雾涌来时，整个黄山景区就会变成云的海洋。被浓雾笼罩的山峰突然显露出来，层层叠叠、隐隐约约，山之秀、之奇在这里被充美地体现出来。飘动着的云雾如一层面纱在山峦之间游移，景色千变万化，精纵即游。

$$d^F(\tilde{B}, A_\alpha) = \left[\frac{1}{|K_\alpha|} \sum_{i=1, x_i \in K_\alpha}^{|K_\alpha|} \left| \mu_{\tilde{B}}(x_i) - \mu_{\tilde{A}}(x_i) \right|^p \right]^{1/p}$$

图 8-14 图文混排效果

2. 插入图 8-15 所示的组织结构图。

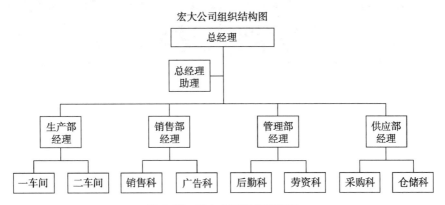

图 8-15　宏大公司组织结构图

3. 尝试在文档中插入一幅图片、一张剪贴画、一个红色的"心形"图形、一个蓝色的不规则四边形、一个黄色圆柱体、一个填充色为浅绿色且字体颜色为橙色的云形标注框、一个艺术字和一个自己熟悉的公式。(提示:给出了部分对象的样图,如图 8-16 所示。)

图 8-16　部分对象的样图

09

实训9　Word 2010中表格的使用方法

一、实训目的

1. 掌握建立普通表格的方法。
2. 掌握建立不规则表格的方法。
3. 了解将文本转换成表格的方法。
4. 掌握编辑和修改表格的方法。

二、实训内容和步骤

1. 建立表格。

建立一个表格，如表 9-1 所示，并输入相应的内容。

表 9-1　　　　　　　　　　　学生成绩表

学号	姓名	大学英语	高等数学	线性代数	大学物理	体育
20191201021	李红芳	86	90	91	95	92
20191201042	宋伟	85	93	85	94	91
20191201048	王石三	67	69	86	92	93
20191201051	张涛江	89	86	80	88	94
20191201060	赵芳	92	78	81	84	96

建立表 9-1 常用的方法有两种，下面给出这两种方法的具体操作步骤。

（1）方法一的具体操作步骤如下。

① 单击"插入"选项卡下的"表格"按钮，打开图 9-1（a）所示的菜单。

② 在行列设定区中按住鼠标左键并拖动鼠标指针，直至得到一个 7×6 表格，如图 9-1（b）所示；释放鼠标左键，这时在光标处将出

现一个图 9-2 所示的 6 行 7 列的空白表格。

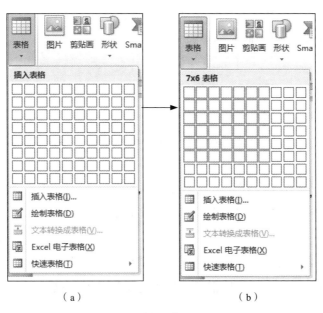

（a）　　　　　　　　　　　　　　（b）

图 9-1　使用"表格"菜单插入表格

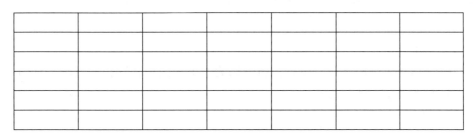

图 9-2　6 行 7 列空白表格

③ 将光标定位在表格中，输入相应的内容。

（2）方法二的具体操作步骤如下。

① 单击"插入"选项卡下的"表格"工具组中的"表格"按钮，然后在弹出的"表格"菜单中选择"插入表格"命令，弹出图 9-3 所示的"插入表格"对话框。

图 9-3　"插入表格"对话框

② 在"列数"数值框中输入"7"，"行数"数值框中输入"6"，单击"确定"按钮，这时在光标处同样会出现一个如图9-2所示的6行7列的空白表格。

③ 将光标定位在表格中，输入相应的内容。

2．选定表格。

（1）选定单元格或某一区域。

把鼠标指针移至单元格左边界附近的选定区，当鼠标指针变为向右的黑色箭头时单击，即可选定一个单元格；按住鼠标左键并拖动鼠标指针，即可选定一个矩形区域。

（2）选定行。

像选定文本中的一行一样，在表格左边界左侧的文档选定区单击，即可选定表格的一行；按住鼠标左键并拖动鼠标指针，即可选定连续的多行。

（3）选定列。

把鼠标指针移至某一列的上边界的附近，当鼠标指针变成向下的黑色箭头时单击，即可选定一列；按住鼠标左键并拖动鼠标指针，即可选定连续的多列。

（4）选定不连续的单元格。

先选定一个单元格，再按住【Ctrl】键，然后逐个选定所需要的且不连续的若干个单元格。

（5）选定整个表格。

把鼠标指针移到表格中的任意位置，当表格的左上角出现移动控制点时（见图9-4），单击移动控制点，即可选定整个表格。

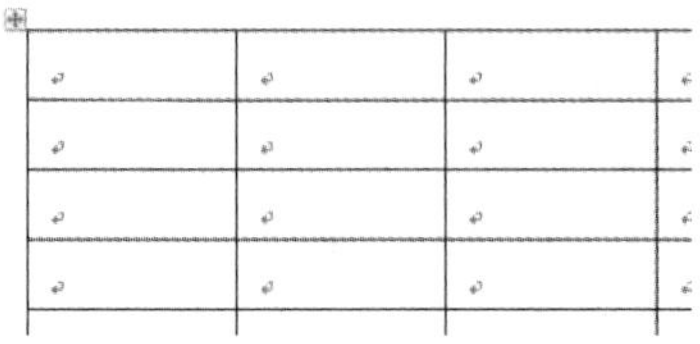

图9-4　表格的移动控制点

3．编辑与修改表格。

（1）将表9-1修改为表9-2所示的表格，并将文本居中。

表9-2　　　　　　　　　　　　　　　　学生成绩表

学号	姓名	大学英语	高等数学	线性代数	大学物理	体育	总分	平均分
20191201021	李红芳	86	90	91	95	92		
20191201042	宋伟	85	93	85	94	91		
20191201048	王石三	67	69	86	92	93		
20191201051	张涛江	89	86	80	88	94		
20191201060	赵芳	92	78	81	84	96		
	平均分							

具体操作步骤如下。

① 打开已经建立并输入相应内容的学生成绩表（见表 9-1），选定最后一列，单击两次表格工具的"布局"选项卡下的"行和列"工具组中的"在右侧插入列"按钮，即可在表格最右端插入两列。

② 将光标定位在表格内，可通过拖动水平标尺上的"移动表格列"标记（除左边第一个标记以外），或直接拖动表格的列分隔线来调整表格的列宽；也可在表格工具的"布局"选项卡下的"表"工具组中的"属性"按钮所对应的对话框中调整列宽。

③ 选定表格除第 1 列以外的所有列，并在选定的区域中右击，在弹出的快捷菜单中选择"平均分布各列"命令，从而使第 2～9 列等宽。在第 1 行的最后两个单元格中分别输入"总分""平均分"。

④ 将光标定位到表格最后一行的最后一个单元格的右框线的右侧，然后按【Enter】键，即可在最后一行的下方插入空白行。选定刚插入的最后一行（空白行）的前两个单元格，并在选定的区域中右击，在弹出的快捷菜单中选择"合并单元格"命令，即可将这两个单元格合并，合并后输入"平均分"。

⑤ 选定整个表格内的文本，单击"开始"选项卡下的"段落"工具组中的"居中"按钮，即可使文本居中；或者选定整个表格并在选定的区域中右击，在弹出的快捷菜单中选择"单元格对齐方式"→"水平居中"命令，也可使文本居中。

（2）在表格中用公式计算总分和平均分，平均分保留 2 位小数。

注意　　表格中的单元格位置用列标"A，B，C……"与行号"1，2，3……"来表示，如 C4 表示第 4 行第 3 列的单元格，C2:F3 表示从第 2 行第 3 列到第 3 行第 6 列的单元格区域。

具体操作步骤如下。

① 将光标定位在表格的第 2 行第 8 列的单元格（H2），选择表格工具的"布局"选项卡下的"数据"工具组中的"公式"命令，弹出"公式"对话框，在"公式"文本框中输入"=SUM(LEFT)"，如图 9-5（a）所示；或输入"=SUM(C2:G2)"，如图 9-5（b）所示；单击"确定"按钮，单元格内将出现计算所得的数值（SUM 函数为求和函数，AVERAGE 函数为求平均值函数，可以在"粘贴函数"的下拉列表中选择所需要的函数）。

② 将光标定位在表格的第 3 行第 8 列的单元格（H3），选择表格工具的"布局"选项卡下的"数据"工具组中的"公式"命令，弹出"公式"对话框，在"公式"文本框中输入"=SUM(LEFT)"或"=SUM(C3:G3)"，如图 9-5（c）所示，单击"确定"按钮，单元格内将出现计算所得的数值，其他几行的总分的求法与此类似。

（a）　　　　　　　　　　　　（b）　　　　　　　　　　　　（c）

图 9-5　"公式"对话框

③ 将光标定位在表格的第 2 行第 9 列的单元格（I2），选择表格工具的"布局"选项卡下的"数据"工具组中的"公式"命令，弹出图 9-5（a）所示的"公式"对话框，在"公式"文本框中删除"SUM(LEFT)"。在"粘贴函数"的下拉列表中选择"AVERAGE"，"公式"文本框中将出现"=AVERAGE()"，将其修改为"=AVERAGE(C2:G2)"；在"编号格式"的下拉列表中将数字格式设置为"0.00"，单击"确定"按钮，单元格内将出现平均值，该列其余的平均分的求法与此类似。

④ 将光标定位在表格的第 7 行第 3 列的单元格（C7），选择表格工具的"布局"选项卡下的"数据"工具组中的"公式"命令，在弹出的"公式"对话框中删除"SUM(ABOVE)"。在"粘贴函数"的下拉列表中选择"AVERAGE"，"公式"文本框中将出现"=AVERAGE()"，将其修改为"=AVERAGE(ABOVE)"或"=AVERAGE (C2:C6)"；在"编号格式"的下拉列表中将数字格式设置为"0.00"，单击"确定"按钮，单元格内将出现平均值，该行其余的平均分的求法与此类似。

⑤ 最后得到表 9-3 所示的学生成绩表。

表 9-3　　　　　　　　　　　　　　　　　学生成绩表

学号	姓名	大学英语	高等数学	线性代数	大学物理	体育	总分	平均分
20191201021	李红芳	86	90	91	95	92	454	90.80
20191201042	宋伟	85	93	85	94	91	448	89.60
20191201048	王石三	67	69	86	92	93	407	81.40
20191201051	张涛江	89	86	80	88	94	437	87.40
20191201060	赵芳	92	78	81	84	96	431	86.20
平均分		83.80	83.20	84.60	90.60	93.20		

　　　　　　　　若修改了表格中的数据，公式的计算结果不会自动更新，需要选择该计算结果，并在选定的区域中右击，然后在弹出的快捷菜单中选择"更新域"命令或按【F9】键，才能更新公式的计算结果。

4. 建立不规则表格。

（1）创建一个图 9-6 所示的表格。

节　次　　星　　期		一	二	三	四	五
上午	1					
	2					
	3					
	4					
下午	5					
	6					
晚上	7					
	8					

图 9-6　课程表

具体操作步骤如下。

① 插入一个 9 行 7 列的表格，选中需要合并的单元格，然后选择表格工具的"布局"选项卡下的"合并"工具组中的"合并单元格"命令，即可合并单元格；也可通过右击选中的单元格，在弹出的快捷菜单中选择"合并单元格"命令来合并单元格。

② 将光标定位在表格内，可通过拖动垂直标尺上的"调整表格行"标记，或直接拖动表格的行分隔线来调整表格的行高；也可在表格工具的"布局"选项卡下的"表"工具组中的"属性"按钮所对应的对话框中调整行高。

③ 选定表格除第 1、2 列以外的所有列，并在选定的区域中右击，在弹出的快捷菜单中选择"平均分布各列"命令，从而使第 3～7 列等宽。

④ 选定表格左上角的合并后的大单元格，单击表格工具的"设计"选项卡，在"表格样式"工具组中的"边框"的下拉列表中选择"斜下框线"选项，如图 9-7 所示；然后输入行标题"星期"、列标题"节次"，最后输入表内的其他文字，结果如图 9-8 所示。

图 9-7　选择"斜下框线"选项

节　　次 ＼ 星　　期		一	二	三	四	五
上午	1					
	2					
	3					
	4					
下午	5					
	6					
晚上	7					
	8					

图 9-8　课程表

⑤ 选定整个表格，使表格内的文本上下居中、左右居中。

⑥ 选定欲设置双线边框的部分单元格区域，如图 9-9 所示；单击表格工具的"设计"选项卡，在"表格样式"工具组中的"边框"下拉列表中选择"边框和底纹"选项，弹出"边框和底纹"对话框；在对话框中选择"边框"选项卡，在"设置"选项区域中选择"虚框"选项，在"样式"选项区域中选择"双线"选项，如图 9-10 所示；单击"确定"按钮，即可将所选区域的边框设置为双线。

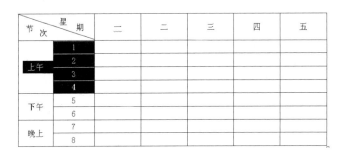

图 9-9　选定部分单元格区域

图 9-10　"边框和底纹"对话框

在"边框和底纹"对话框中还可以为单元格设置丰富多彩的底纹。

⑦ 依次将与图 9-6 相对应的区域设置为双线边框后，即可完成表格的制作。

（2）创建一个图 9-11 所示的表格。

姓　名		性别		出生日期		
民　族		政治面貌		籍贯		照片
院　系						
专　业						
班　级						
宿舍楼栋			宿舍号			
联系方式	手机号			微信号		
	QQ 号			E-mail		
父母电话						
家庭地址				邮政编码		

图 9-11　学生卡

具体操作步骤如下。

① 制作一个 10 行 2 列的表格，并将第 1 列调整至合适的宽度。

② 单击"插入"选项卡下的"表格"按钮，弹出"表格"菜单，选择"绘制表格"命令，使用"绘制表格"工具画出需要的表格线；切换至表格工具的"设计"选项卡，使用"擦除"工具擦除多余的表格线。

提示　　　也可先选定单元格，再选择表格工具的"布局"选项卡下的"合并"工具组中的"拆分单元格"命令，即可拆分单元格；或右击选定的单元格，选择快捷菜单中的"拆分单元格"命令，在弹出的"拆分单元格"对话框中设置拆分后的列数和行数，设置完毕后单击"确定"按钮，即可拆分单元格。

③ 输入相应的文字，适当调整单元格的宽度，并使文本居中，完成表格的制作。

5. 将文本转换成表格。

将下列文本（文字之间用空格分隔）转化成表格。

学号	姓名	平时成绩	考试成绩	总评成绩
20191321020	李国华	96	90	92
20191321041	王飞红	90	85	87
20191321055	张竞生	92	84	86
20191321067	赵晓彤	88	91	90

具体操作步骤如下。

（1）选定待转换为表格的文本。

（2）单击"插入"选项卡下的"表格"按钮，在弹出的菜单中选择"文本转换成表格"命令，弹出"将文字转换成表格"对话框，如图 9-12 所示；在对话框中设置文字分隔位置为"空格"，设定转化后的列数为"5"，单击"确定"按钮，即可完成转换。

图 9-12 "将文字转换成表格"对话框

（3）转换后的表格如图 9-13 所示。

学号	姓名	平时成绩	考试成绩	总评成绩
20191321020	李国华	96	90	92
20191321041	王飞红	90	85	87
20191321055	张竞生	92	84	86
20191321067	赵晓彤	88	91	90

图 9-13 转换后的表格

三、实训练习

1. 根据本班的实际情况制作一个课程表，并填写相应的内容。

2. 自己设计一个通信录，根据本宿舍同学的信息填写相应的内容。

3. 制作图 9-14 所示的个人简历。

姓名		性别		出生年月		照片
民族		政治面貌		健康状况		
身份证号			联系电话			
籍贯			毕业学校			
最高学历			最高学位			
邮箱			通信地址			
学习、工作经历	起止时间		在何学校（单位）学习（工作）			证明人
家庭主要成员	姓　名	与本人关系	工作单位及职务			身份证号码

图 9-14 个人简历

10

实训10 Word 2010的页面设置

一、实训目的

1. 掌握首字下沉、分栏的设置方法。
2. 了解项目符号、编号的使用方法。
3. 熟悉页眉和页脚的设置方法。
4. 熟悉页面设置方法。

二、实训内容和步骤

打开文档"黄山风景区.docx",将文件另存为"黄山风景区 3.docx",在"黄山风景区 3.docx"中完成下列操作。

1. 首字下沉的设置。

设置正文第 1 段首字下沉 2 行。

具体操作步骤如下。

(1)将光标移到正文第 1 段中。

(2)单击"插入"选项卡下的"文本"工具组中的"首字下沉"按钮,在弹出的下拉列表中选择"首字下沉选项",弹出图 10-1 所示的对话框。

图 10-1 "首字下沉"对话框

（3）在"位置"选项区域中选择"下沉"选项。

（4）在"下沉行数"数值框中输入"2"。

（5）设置完毕后，单击"确定"按钮。

2. 分栏设置。

将正文第 2 段分为两栏，栏间距 2 字符，栏间加分隔线。

具体操作步骤如下。

（1）选定正文第 2 段，单击"页面布局"选项卡下的"页面设置"工具组中的"分栏"按钮，在弹出的下拉列表中选择"更多分栏"选项，打开"分栏"对话框。

（2）将第 2 段设置为"两栏"，栏间距设置为 2 字符，并设置应用于"所选文字"，再选中"分隔线"复选框，相关设置如图 10-2 所示。

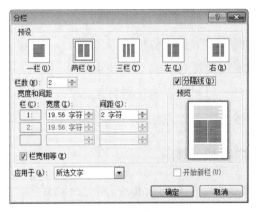

图 10-2 "分栏"对话框

（3）单击"确定"按钮，即可完成分栏设置。

3. 项目符号设置。

（1）为第 1 段以后的段落添加"星形"项目符号。

具体操作步骤如下。

① 选定除第 1 段以外的所有段落，单击"开始"选项卡下的"段落"工具组中的"项目符号"按钮右侧的下拉按钮，弹出"项目符号库"菜单。

② 选择"星形"项目符号，如图 10-3 所示。

③ 单击"确定"按钮，即可完成设置。

（2）把项目符号改为大写字母编号。

具体操作步骤如下。

① 选定除第 1 段以外的所有段落，单击"开始"选项卡下的"段落"工具组中的"编号"按钮右侧的下拉按钮，弹出"编号库"菜单。

② 在"菜单"中选择"A.B.C."样式的编号，如图 10-4 所示。

③ 单击"确定"按钮，即可完成设置。

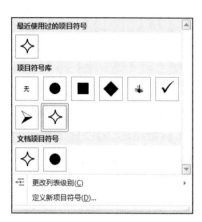

图 10-3 "项目符号库"菜单

图 10-4 "编号库"菜单

4. 页面格式设置。

设置页面大小为 A4，页面方向为纵向，上、下页边距分别为 2.4cm、2.4cm，左、右页边距分别为 2.5cm、2.5cm，并设置应用于整篇文档。

具体操作步骤如下。

（1）单击"页面布局"选项卡下的"页面设置"工具组中的"纸张大小"按钮，在弹出的下拉列表中选择"A4"选项。

（2）单击"页面布局"选项卡下的"页面设置"工具组中的"页边距"按钮，在弹出的下拉列表中选择"自定义边距"选项；在弹出的"页面设置"对话框中，设置上、下页边距分别为 2.4cm、2.4cm，左、右页边距分别为 2.5cm、2.5cm，纸张方向为"纵向"，并设置应用于整篇文档，如图 10-5 所示。

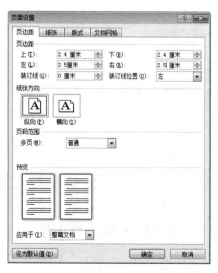

图 10-5 "页面设置"对话框

（3）设置完毕后，单击"确定"按钮即可。

5．页眉和页脚的设置。

（1）设置页眉为"黄山风景区简介"，在页脚的右端插入页码，完成后保存文件，再退出程序。

具体操作步骤如下。

① 单击"插入"选项卡下的"页眉和页脚"工具组中的"页眉"按钮，在弹出的下拉列表中选择内置的"空白"样式，然后输入"黄山风景区简介"，如图10-6（a）所示。

② 单击"插入"选项卡下的"页眉和页脚"工具组中的"页码"按钮，在弹出的下拉列表中选择"页面底端"→"普通数字3"选项，如图10-6（b）所示。

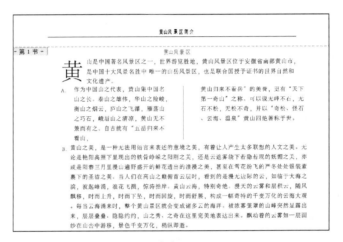

（a）

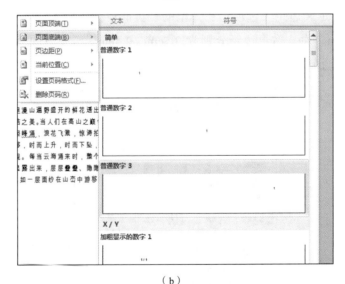

（b）

图 10-6　页眉和页脚的设置

③ 设置完毕后，单击"关闭页眉和页脚"按钮。

④ 按【Ctrl+S】快捷键保存文件后，退出 Word 2010 程序。

（2）删除已设置的页眉"黄山风景区简介"及页眉中的横线。

具体操作步骤如下。

① 打开文档"黄山风景区 3.docx"，双击页眉，选中文字"黄山风景区简介"，按【Delete】键删除文字。

② 删除文字后，若在页眉中还有横线，可在"开始"选项卡下的"样式"工具组中将页眉设置为"正文"样式，即可删除页眉中的横线。

③ 设置完毕后，单击"关闭页眉和页脚"按钮。

三、实训练习

打开文档"甲型 H1N1 流感.docx"，完成以下操作。

1．设置正文第 1 段首字下沉 4 行。

2．将正文第 2 段分为两栏，栏间距设置为 1 字符，栏间加分隔线。

3．为正文第 1 段以后的段落添加"菱形"项目符号。

4．设置纸张大小为 16 开，纸张方向为纵向，上、下页边距分别为 2.5cm、2.5cm，左、右页边距分别为 2cm、2cm，并设置应用于整篇文档。

5．设置页眉为"甲型 H1N1 流感"；在页脚的右端插入页码，格式为"X/Y"。

11

实训11　Excel 2010的基本操作

一、实训目的

1. 掌握创建、保存、打开和关闭工作簿的方法。
2. 掌握编辑与格式化 Excel 2010 工作表的方法。
3. 掌握 Excel 2010 工作簿及工作表的管理方法。

二、实训内容和步骤

1. 启动 Excel 2010 程序，新建文件"实验一.xlsx"，并将其保存在 D 盘中的以自己的名字命名的文件夹中；退出 Excel 2010 程序后，在资源管理器中找到并打开该文件。

具体操作步骤如下。

（1）选择"开始"→"所有程序"→"Microsoft Office"→"Microsoft Excel 2010"命令，启动 Excel 2010 程序；Excel 2010 会自动创建一个名为"工作簿 1.xlsx"的文件，如图 11-1 所示。

图 11-1　Excel 2010 窗口

（2）选择"文件"→"保存"命令，弹出"另存为"对话框，如图 11-2 所示。

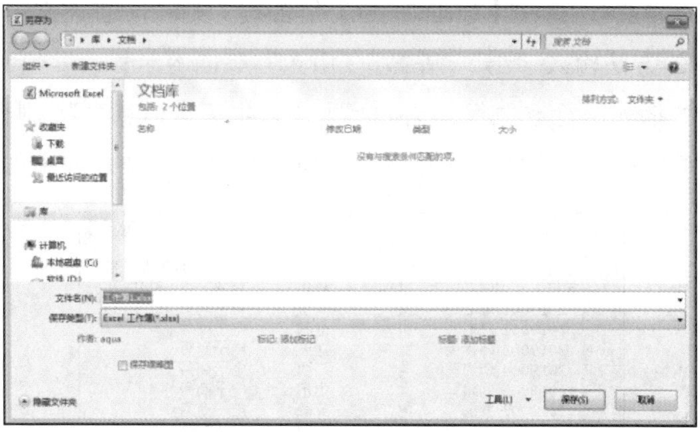

图 11-2　"另存为"对话框

将保存位置改为 D 盘，并使用工具栏中的"新建文件夹"按钮新建一个以自己的名字命名的文件夹。打开该文件夹，将文件保存为"实验一.xlsx"。

（3）按【Alt+F4】快捷键，单击窗口右上角的"关闭"按钮，选择"文件"→"退出"命令，或双击窗口左上角的 Excel 图标，都可以关闭 Excel 2010 窗口。

（4）在任务栏中的"开始"按钮上右击，在弹出的快捷菜单中选择"打开 Windows 资源管理器"命令。在 D 盘中打开以自己的名字命名的文件夹，找到其中的"实验一.xlsx"文件，双击将其打开。

2. 在"实验一.xlsx"工作簿中，将 Sheet1 作为当前工作表，输入学生的基本信息，内容如图 11-3 所示。

	A	B	C	D	E	F
1	学号	姓名	性别	籍贯	专业	备注
2	2019001	陈洁	女	安徽	电子商务	
3	2019002	陈浩	男	江苏	电子商务	
4	2019003	韩杨杨	女	江苏	电子商务	
5	2019004	李海军	男	广西	电子商务	
6	2019005	刘路	女	山东	电子商务	
7	2019006	罗磊	男	安徽	电子商务	
8	2019007	沈成功	男	山西	电子商务	
9	2019008	王振	男	安徽	电子商务	
10	2019009	王莉莉	女	陕西	电子商务	
11	2019010	张波	男	湖南	电子商务	
12	2019011	张芳	女	安徽	电子商务	
13	2019012	朱军	男	山东	电子商务	
14	2019013	周标	男	安徽	电子商务	
15						

图 11-3　表格内容

具体操作步骤如下。

（1）可以直接在相应的单元格或编辑栏中输入文本型、数值型、日期型数据。

（2）在 A2 与 A3 单元格中分别输入学号"2019001""2019002"，选择 A2:A3 单元格区域，利用填充柄向下填充其他学生的学号。

（3）在 E2 单元格中输入"电子商务"，利用填充柄向下填充其他学生的相同专业。

（4）在输入性别之前，先按住【Ctrl】键，选择所有将要显示的内容为"女"的单元格，然后在编辑栏中输入"女"，再按【Ctrl+Enter】组合键，则在所有被选中的单元格中都将显示"女"。使用相同的方法输入"男""安徽""山东"等内容。

3. 在表格的上方插入两行空白行，填入标题 "学生基本信息表"、制表人及制表人姓名。标题与制表人两行的对齐方式分别为合并后居中与合并后右对齐，效果如图 11-4 所示。

	A	B	C	D	E	F
1	学生基本信息表					
2					制表人：张杨	
3	学号	姓名	性别	籍贯	专业	备注
4	2019001	陈洁	女	安徽	电子商务	
5	2019002	陈浩	男	江苏	电子商务	
6	2019003	韩杨杨	女	江苏	电子商务	
7	2019004	李海军	男	广西	电子商务	
8	2019005	刘路	女	山东	电子商务	
9	2019006	罗磊	男	安徽	电子商务	
10	2019007	沈成功	男	山西	电子商务	
11	2019008	王振	男	安徽	电子商务	
12	2019009	王莉莉	女	陕西	电子商务	
13	2019010	张波	男	湖南	电子商务	
14	2019011	张芳	女	安徽	电子商务	
15	2019012	朱军	男	山东	电子商务	
16	2019013	周标	男	安徽	电子商务	
17						

图 11-4　表头内容

具体操作步骤如下。

（1）选择第 1、2 行，在选定的区域中右击，在弹出的快捷菜单中选择"插入"命令，即可直接在选定的区域上方插入两行空行。

（2）选择 A1:F1 单元格区域，单击"开始"选项卡下的"对齐方式"工具组中的"合并后居中"按钮，然后输入标题"学生基本信息表"。

（3）选择 A2:F2 单元格区域，单击"开始"选项卡下的"单元格"工具组中的"格式"按钮，在弹出的下拉列表中选择"设置单元格格式"选项，在弹出的对话框中选择"对齐"选项卡，如图 11-5 所示。

图 11-5　"对齐"选项卡

在"文本控制"选项区域中选中"合并单元格"复选框，在"文本对齐方式"选项区域中设置水平对齐为"靠右（缩进）"，单击"确定"按钮；然后在该单元格区域中输入"制表人：张杨"。

4. 将表中的"学号"列与"姓名"列选中并复制到 Sheet2 对应的单元格中，然后输入每门课程的成绩，并将列宽调整为最合适的宽度。

具体操作步骤如下。

（1）选择 A3:B16 单元格区域，单击"开始"选项卡下的"剪贴板"工具组中的"复制"按钮，即可将其放在剪贴板中；选中 Sheet2 中的 A3 单元格，然后单击"开始"选项卡下的"剪贴板"工具组中的"粘贴"按钮，即可将"学号"列与"姓名"列复制到 Sheet2 中。

（2）输入表头及每门课程的成绩，如图 11-6 所示。

	A	B	C	D	E	F
1				成绩表		
2					制表人：张杨	
3	学号	姓名	程序设计	英语	电子商务概论	计算机网络
4	2019001	陈洁	87	90	89	85
5	2019002	陈浩	78	60	74	79
6	2019003	韩杨杨	90	89	95	69
7	2019004	李海军	67	67	77	79
8	2019005	刘路	90	88	90	89
9	2019006	罗磊	60	56	67	67
10	2019007	沈成功	89	87	90	8
11	2019008	王振	74	93	60	56
12	2019009	王莉莉	60	77	89	87
13	2019010	张波	89	85	67	77
14	2019011	张芳	74	79	88	90
15	2019012	朱军	95	69	56	67
16	2019013	周标	77	79	87	90
17						

图 11-6　成绩表

（3）选择 A3:F16 单元格区域，单击"开始"选项卡下的"单元格"工具组中的"格式"按钮，在下拉列表中选择"自动调整列宽"选项，即可快速调整列宽。

5. 根据需要对"学生基本信息表"的格式进行设置，如设置字体、边框、底纹等，并将 Sheet1 工作表重命名为"学生信息"。将"成绩表"的样式设置为"套用表格格式"的下拉列表中的"表样式中等深浅 3"样式，根据需要对字体、边框等进行设置，并将 Sheet2 工作表重命名为"成绩表"。

具体操作步骤如下。

（1）选择 Sheet1 工作表中的部分单元格，单击"开始"选项卡下的"单元格"工具组中的"格式"按钮，在下拉列表中选择"设置单元格格式"选项，弹出"设置单元格格式"对话框，如图 11-7 所示。

在"对齐""字体""边框""填充"选项卡中，用户可以根据需要对单元格的格式进行设置。

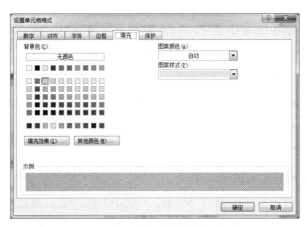

图 11-7 "设置单元格格式"对话框

（2）双击 Sheet1 工作表标签，输入"学生信息"作为工作表的名称。设置完成后的效果如图 11-8 所示。

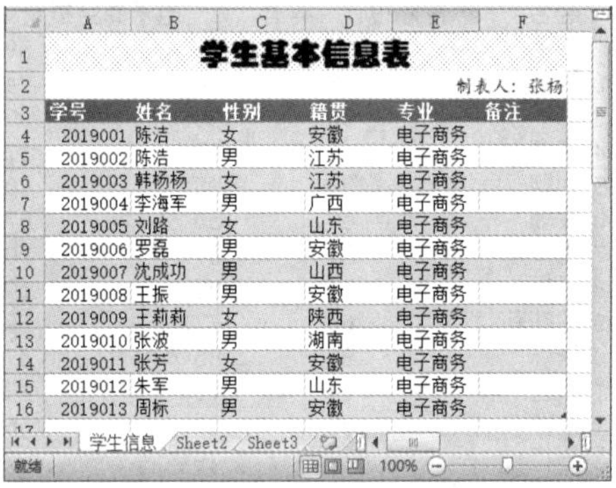

图 11-8 "学生基本信息表"效果图

（3）将 Sheet2 作为当前工作表，选择 A3:F16 单元格区域，单击"开始"选项卡下的"样式"工具组中的"套用表格格式"按钮，在弹出的菜单中选择"表样式中等深浅 3"样式，如图 11-9 所示。

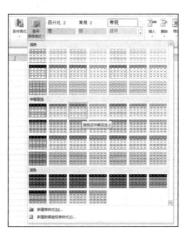

图 11-9 选择"表样式中等深浅 3"选项

（4）根据需要设置表格的边框。选择 A3:F16 单元格区域，在选定的区域中右击，在弹出的快捷菜单中选择"设置单元格格式"命令，在打开的"设置单元格格式"对话框中的"边框"选项卡中对外边框与内部线条进行设置，如图 11-10 所示。

图 11-10　"边框"选项卡

（5）双击 Sheet2 工作表标签，输入"成绩表"作为工作表的名称。设置完成后的效果如图 11-11 所示。

图 11-11　"成绩表"效果图

三、实训练习

1. 在 Excel 2010 中，创建、保存、打开和关闭工作簿的方法有哪些？试通过实验进行相关练习。

2. 插入与删除单元格、行、列及工作表的方法有哪些？试通过实验进行相关练习。

3. 制作图 11-12 所示的课程表。

第二学期课程表

	星期一	星期二	星期三	星期四	星期五
上午	高等数学	大学英语		程序设计	
	程序设计		高等数学	自习	汇编语言
午　休					
下午	大学英语		体育		自习
		汇编语言		形势政策	

图 11-12　课程表

4. 设计并制作本学期的课程表，并设置单元格格式。

12

实训12　Excel 2010的公式与函数

一、实训目的

1. 了解公式与函数的区别。
2. 掌握单元格地址的相对引用与绝对引用。
3. 熟练使用公式与函数进行单元格计算。
4. 熟练使用条件格式突出显示单元格。

二、实训内容和步骤

1. 打开"实验一.xlsx"，修改"成绩表"的内容，增加"平均分"列与"名次"列，并利用AVERAGE()函数与RANK()函数进行计算。利用条件格式突出显示不及格的分数。

具体操作步骤如下。

（1）在G3与H3单元格中分别输入"平均分"与"名次"，表格会按原有格式自动扩展。

（2）将标题行与制表人行扩展至H列，格式保持不变。

（3）单击G4单元格，选择"公式"→"插入函数"命令，在弹出的对话框中选择AVERAGE()函数，将"Number 1"设置为"C4:F4"如图12-1（a）所示；单击"确定"按钮即可计算出陈洁的平均分，然后利用填充柄向下填充其他学生的平均分。单击H4单元格，选择"公式"→"插入函数"命令，在弹出的对话框中选择RANK()函数，单击"确定"按钮，弹出"函数参数"对话框，然后在对话框中填写相应的参数，如图12-1（b）所示。

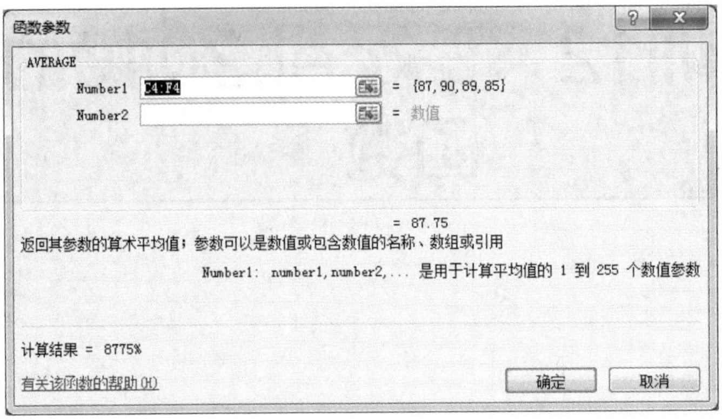

（a）

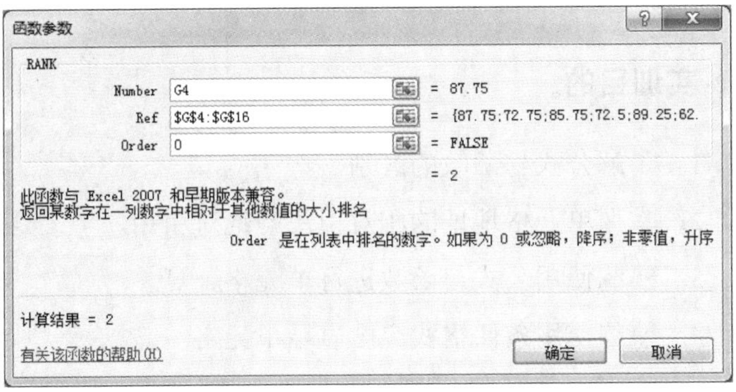

（b）

图 12-1 "函数参数"对话框

在 RANK()函数的参数中，Number 代表要查找排名的数值；Ref 代表所引用的单元格区域，即在哪一个范围内进行排名；Order 代表排名方式，如果为 0 或忽略则为降序，如果为非 0 值则为升序。

在"函数参数"对话框中，利用圈按钮隐藏对话框后，可在工作表中选择相应的单元格区域作为函数参数，也可以直接输入相应的单元格地址。由于下面要利用自动填充功能，所以在输入 Ref 参数时应采用绝对引用地址，这样在填充的过程中所引用的单元格区域才不会改变。在 Ref 参数的文本框中输入 G4:G16 单元格区域，按【F4】键，即可快速将两个单元格地址改为绝对引用地址。单击"确定"按钮，陈洁的名次便出现在 H4 单元格中，然后利用填充柄向下填充其他学生的名次。

（4）将 G4:G16 单元格区域的格式设置为数值，并保留两位小数；将 H4:H16 单元格区域的格式设置为常规。可以在"开始"选项卡下的"数字"工作组中设置，也可以在"设置单元格格式"对话框中设置。

（5）选择 C4:F16 单元格区域，单击"开始"选项卡下的"样式"工具组中的"条件格式"按钮，在弹出的下拉列表中选择"突出显示单元格规则"→"小于"选项，弹出"小于"对话框，相关设置如图 12-2 所示。在选择"自定义格式"选项后会弹出"设置单元格格式"

对话框，在对话框中将颜色设为蓝色、字形设为加粗，在"特殊效果"选项区域中选中"删除线"复选框，相关设置如图 12-3 所示。

图 12-2　"小于"对话框

图 12-3　"设置单元格格式"对话框

（6）单击"确定"按钮，修改后的"成绩表"如图 12-4 所示。

	A	B	C	D	E	F	G	H
1					成绩表			
2							制表人：张杨	
3	学号	姓名	程序设计	英语	电子商务概论	计算机网络	平均分	名次
4	2019001	陈浩	87	90	89	85	87.75	2
5	2019002	陈浩	78	60	74	79	72.75	8
6	2019003	韩杨杨	90	89	95	69	85.75	3
7	2019004	李海军	67	67	77	79	72.5	9
8	2019005	刘路	90	88	90	89	89.25	1
9	2019006	罗磊	60	56	67	67	62.5	13
10	2019007	沈成功	89	87	90	8	68.5	12
11	2019008	王振	74	93	60	56	70.75	11
12	2019009	王莉莉	60	77	89	87	78.25	7
13	2019010	张波	89	85	67	77	79.5	6
14	2019011	张芳	74	79	88	90	82.75	5
15	2019012	朱军	95	69	56	67	71.75	10
16	2019013	周标	77	79	87	90	83.25	4

图 12-4　"成绩表"效果图

2．在"学生信息"工作表中统计男生与女生的比例。

具体操作步骤如下。

（1）选择"学生信息"工作表。

（2）在 A18、A19、A20 单元格依次输入"男生""女生""总人数"。

（3）利用 COUNTIF()函数统计男生的人数。将 B18 作为当前单元格，选择"公式"选项卡中的"插入函数"命令，在"插入函数"对话框中选择 COUNTIF()函数，单击"确定"按钮，弹出"函数参数"对话框，其中的参数设置如图 12-5（a）所示。利用相同的函数统计女生的人数，相应的参数设置如图 12-5（b）所示。

（a）

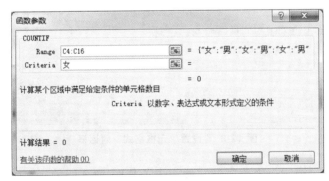

（b）

图 12-5 "函数参数"对话框

（4）利用公式计算总人数。将 B20 作为当前单元格，输入"="，单击 B18 单元格，再输入"+"，然后单击 B19 单元格，输入完毕后在编辑栏单击✔按钮即可计算出总人数。

（5）在 C18 单元格中输入公式"=B18/$B$20"。为了在 C19 单元格中填充公式，要利用【F4】键将 B20 单元格的相对引用地址改为绝对引用地址。

（6）选择 C18 单元格，利用填充柄向下填充，即可得到女生的比例。

（7）选择 C18:C19 单元格区域，在"开始"选项卡下的"数字"工具组中单击"百分比样式"按钮，并单击一次"增加小数位数"按钮。设置完成后的效果如图 12-6 所示。

3．删除 Sheet3 工作表，然后保存。

具体操作步骤如下。

（1）在 Sheet3 工作表标签上右击，在弹出的快捷菜单中选择"删除"命令。

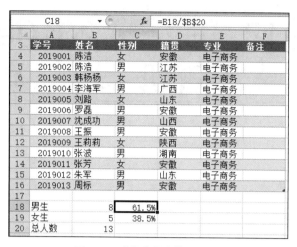

图 12-6　"学生信息"效果图

（2）单击快速访问工具栏中的"保存"按钮，修改后的内容将保存在原位置的原文件中，即 D 盘中以自己的名字命名的文件夹中的文件"实验一.xlsx"。

三、实训练习

1. 公式与函数的区别是什么？请利用公式与函数进行数据的有效录入操作，熟练使用 SUM()、AVERAGE()、MAX()、MIN()、RANK()、COUNT()及 IF()函数，试通过实验进行相关练习。

2. 设计并制作成绩表，并进行基本的统计和运算，比如，计算总分、平均分，排序，找出最大值和最小值等。

13

实训13　Excel 2010的数据管理

一、实训目的

1. 掌握工作表中创建与编辑数据清单的方法。
2. 熟练使用排序、筛选和分类汇总等工具。

二、实训内容和步骤

1. 打开"实验一.xlsx"，将"成绩表"复制到新的工作簿中，然后将新工作簿命名为"实验二.xlsx"并保存在相同的文件夹中。

具体操作步骤如下。

（1）打开"计算机"窗口或资源管理器窗口，在 D 盘中找到以自己的名字命名的文件夹，双击将其打开；在文件夹中找到"实验一.xlsx"，双击将其打开。

（2）在"成绩表"工作表标签上右击，在弹出的快捷菜单中选择"移动或复制"命令，如图 13-1（a）所示；弹出"移动或复制工作表"对话框，如图 13-1（b）所示。在"将选定工作表移至工作簿"的下拉列表中选择"（新工作簿）"选项，然后选中"建立副本"复选框（如果选中此复选框则表示复制工作表，如果不选则表示移动工作簿），单击"确定"按钮，即可将"成绩表"复制到新的工作簿中。

（3）保存新工作簿，保存位置是 D 盘中以自己的名字命名的文件夹，文件名为"实验二.xlsx"。

2. 利用数据清单在周标的下方增加一位同学的信息——"2019014""周龙""77""84""71""81"，并计算这名学生的平均分与名次。

具体操作步骤如下。

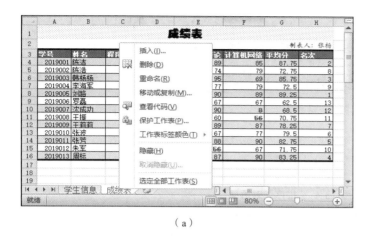

（a）　　　　　　　　　　　　　　　　　　　（b）

图 13-1　快捷菜单与"移动或复制工作表"对话框

（1）选择 A3:H16 单元格区域。

（2）单击快速访问工具栏中的"记录单"按钮，弹出"成绩表"对话框，单击"新建"按钮，在对应的文本框中输入"2019014""周龙""77""84""71""81"，如图 13-2 所示。按【Enter】键，即可成功增加相关信息。

（3）单击"关闭"按钮，程序会自动给出周龙的平均分与名次。仔细观察会发现，周龙的平均分是正确的，但所有同学的名次需要重新计算，如图 13-3 所示，因为增加了一位同学，RANK()函数的第 2 个参数 Ref 的值"$G$4:$G$16"应更改为"$G$4:$G$17"。选择 H4 单元格，在编辑栏中直接修改第 2 个参数，修改后按【Enter】键确认，然后利用填充柄进行填充。

图 13-2　"成绩表"对话框

图 13-3　H17 单元格在编辑栏中的内容

3．按"名次"的升序排序，如果有相同的名次，则按"英语"成绩的降序排序。

具体操作步骤如下。

（1）选择 A3:H17 单元格区域，单击"数据"选项卡下的"排序和筛选"工具组中的"排序"按钮，弹出"排序"对话框，按照图 13-4 进行设置。

（2）修改表格样式使表格更美观，排序后的成绩表如图 13-5 所示。

图 13-4 "排序"对话框

	H10			f_x	=RANK(G10, $G$4:$G$17,0)		
	A	B	C	D	E	F	G	H
1				**成绩表**				
2							制表人：张杨	
3	学号	姓名	程序设计	英语	电子商务概论	计算机网络	平均分	名次
4	2019005	刘路	90	88		90	89	89.25	1
5	2019001	陈洁	87	90		89	85	87.75	2
6	2019003	韩杨杨	90	89		95	69	85.75	3
7	2019013	周标	77	79		87	90	83.25	4
8	2019011	张芳	74	79		88	90	82.75	5
9	2019010	张波	89	85		67	77	79.5	6
10	2019014	周龙	77	84		71	81	78.25	7
11	2019009	于莉莉	60	77		89	87	78.25	8
12	2019002	陈洁	78	60		74	79	72.75	9
13	2019004	李海军	67	67		77	79	72.5	10
14	2019012	朱军	95	69		56	67	71.75	11
15	2019008	于振	74	93		60	56	70.75	12
16	2019007	沈成功	89	87		90	8	68.5	13
17	2019006	罗磊	60	56		67	67	62.5	14

图 13-5 排序结果

4. 筛选数据，找出"成绩表"中"程序设计"成绩在 90 分以上（含 90 分）的学生。具体操作步骤如下。

（1）选择 A3:H17 单元格区域中的某一单元格，单击"数据"选项卡下的"排序和筛选"工具组中的"筛选"按钮，则第 3 行的每一个字段名的右侧都会出现一个下拉按钮，单击"程序设计"右侧的下拉按钮，在下拉菜单中选择"数字筛选"→"自定义筛选"命令，如图 13-6（a）所示，并按照图 13-6（b）设置筛选条件。

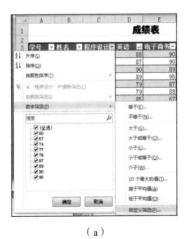

（a）

（b）

图 13-6 自定义自动筛选方式

（2）单击"确定"按钮即可自动筛选，筛选结果如图 13-7 所示。

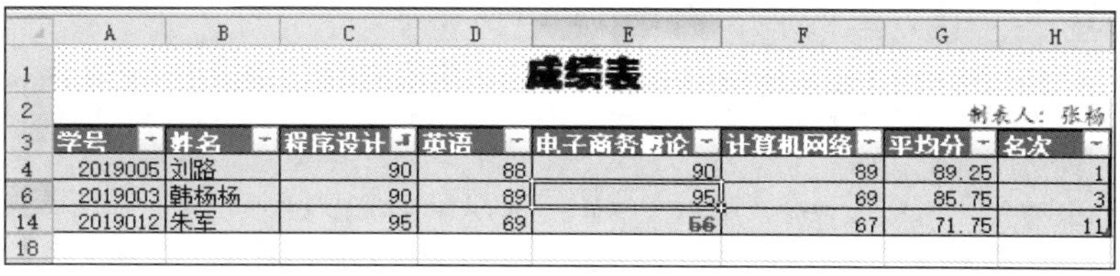

图 13-7　筛选结果

5．分类汇总，增加"性别"列，并按"性别"排序；然后按"性别"统计"成绩表"中每门课程的平均分。

具体操作步骤如下。

（1）单击"数据"选项卡下的"排序和筛选"工具组中的"筛选"按钮，以取消筛选。

（2）选中 C 列中的任意一个单元格，如 C3 单元格，并在此单元格上右击，在弹出的快捷菜单中选择"插入"→"在左侧插入表列"命令，如图 13-8 所示。

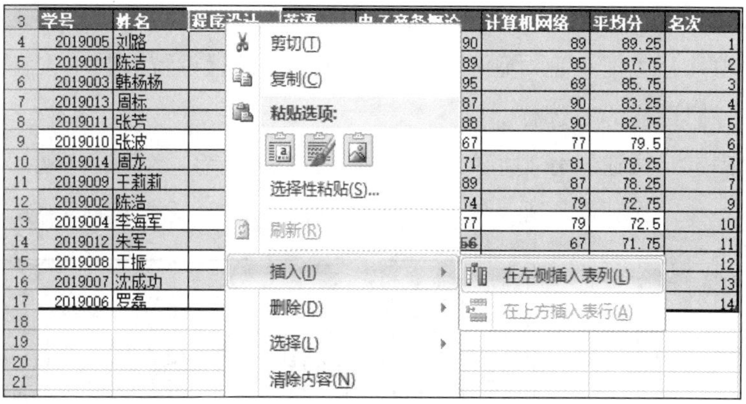

图 13-8　选择"在左侧插入表列"命令

（3）在新插入的空列中输入相应的内容，如图 13-9 所示。

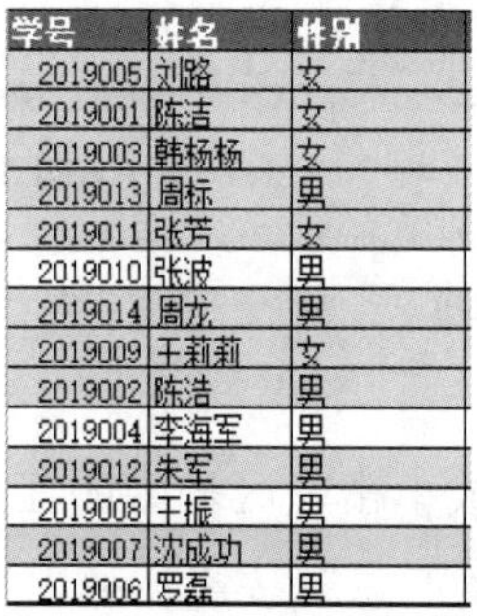

图 13-9　"性别"字段

（4）选择 A3:I17 单元格区域，单击"数据"选项卡下的"排序和筛选"工具组中的"排序"按钮，按"性别"的降序排序。

（5）复制 A3:I17 单元格区域，在新的工作表中利用"选择性粘贴"工具只粘贴数值，并将新工作表的名称改为"分类汇总"，如图 13-10 所示。

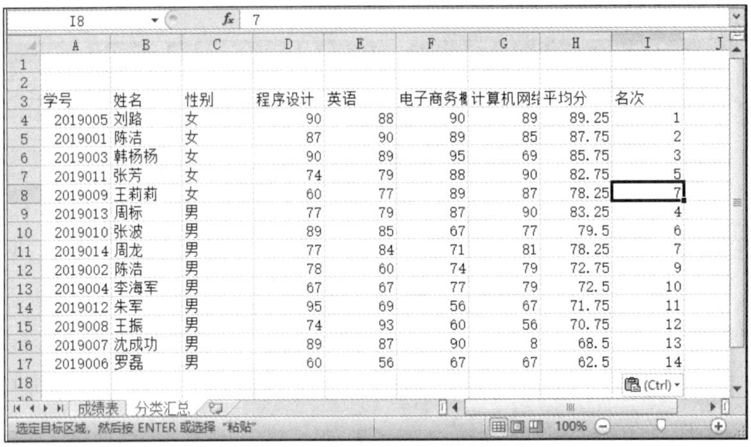

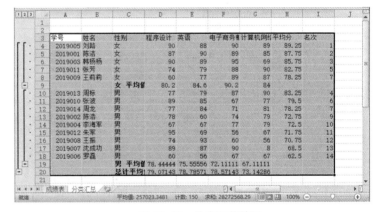

图 13-10 "分类汇总"表

（6）选择 A3:I17 单元格区域，单击"数据"选项卡下的"分级显示"工具组中的"分类汇总"按钮，弹出"分类汇总"对话框，按照图 13-11 进行设置。其中，在"选定汇总项"选项区域中选中每门课程的复选框。

（7）单击"确定"按钮。分类汇总结果如图 13-12 所示。

图 13-11 "分类汇总"对话框

图 13-12 分类汇总结果

6. 取消分类汇总，保存该工作簿。

具体操作步骤如下。

（1）选择 A3:I20 单元格区域，或单击该区域中的任意一个单元格，单击"数据"选项卡下的"分级显示"工具组中的"分类汇总"按钮，弹出"分类汇总"对话框，单击"全部删除"按钮，即可取消分类汇总。

（2）单击快速访问工具栏中的"保存"按钮，则修改后的内容将保存在原位置的原文件中，即 D 盘中以自己的名字命名的文件夹中的文件"实验二.xlsx"。

三、实训练习

1. 利用记录单创建与编辑数据清单,并通过实验进行相关练习。

2. 在 Excel 2010 中,数据的筛选、排序和分类汇总等操作有什么实际意义?试利用它们进行相关数据的统计工作。

3. "实验二.xlsx"中如果增加的不是"性别"字段,而是"班级"或"专业"字段,试通过"分类汇总"按不同的"班级"或"专业"对某些课程成绩的和、平均分、最大值或最小值等进行比较。

4. 成绩表的编辑。

对图 13-13 所示的成绩表进行如下编辑操作。

学号	姓名	语文	数学	英语	总分	平均分	名次
124001	陈建	70	92	57			
124002	杜丹	71	91	62			
124003	胡旭	74	90	67			
124004	姜平	83	87	82			
124005	李旭	70	78	55			
124006	刘明	84	95	87			
124007	刘淑珍	80	88	77			
124008	刘伟	77	89	72			
124009	王海洋	90	87	70			
124010	王平	80	56	90			
124011	王旭	83	78	84			
124012	张强	88	80	89			
124013	张艳	82	95	86			
124014	赵海青	71	93	70			

图 13-13 成绩表

(1)利用 SUM()函数、AVERAGE()函数与 RANK()函数计算总分、平均分与名次。

(2)依据名次的升序排序。

(3)利用条件格式突出显示不及格的分数,以便查询。

(4)筛选出 3 门课程的成绩均在 80 分以上的学生。

14

实训14　Excel 2010的图表操作

一、实训目的

1. 掌握创建及编辑图表的方法。
2. 掌握工作表页面设置方法。

二、实训内容和步骤

1. 打开"实验二.xlsx"，将"成绩表"中的内容复制到新工作簿的 Sheet1 工作表中，然后将新工作簿命名为"实验三.xlsx"并保存在相同的文件夹中。删除"性别"与"电子商务概论"两列，并调整表格。

具体操作步骤如下。

（1）打开"实验二.xlsx"，选择"成绩表"中的 A1:I17 单元格区域，按【Ctrl+C】快捷键进行复制；新建工作簿，在 Sheet1 工作表中，单击 A1 单元格，按【Ctrl+V】快捷键粘贴。

（2）保存工作簿，保存位置是 D 盘中以自己的名字命名的文件夹，将工作簿的文件名设置为"实验三.xlsx"。

（3）在列标上单击 C 列，在被选定的列标上右击，在弹出的快捷菜单中选择"删除"命令，即可删除"性别"列；用相同的方法删除"电子商务概论"所在的列，删除这两列后的工作表如图 14-1 所示。

2. 以姓名与 3 门课程的成绩为图表的源数据，创建图表，图表类型为三维簇状柱形图，在"图表标题""X 轴""Y 轴"的填充框中输入相应的名称，并以对象的方式将其插入 Sheet1 工作表。

	A	B	C	D	E	F	G
1				成绩表			
2						制表人：张杨	
3	学号	姓名	程序设计	英语	计算机网络	平均分	名次
4	2019005	刘路	90	88	89	89	1
5	2019001	陈洁	87	90	85	87.33333	2
6	2019003	韩杨杨	90	89	69	82.66667	4
7	2019011	张芳	74	79	90	81	6
8	2019009	王莉莉	60	77	87	74.66667	9
9	2019013	周标	77	79	90	82	5
10	2019010	张波	89	85	77	83.66667	3
11	2019014	周龙	77	84	81	80.66667	7
12	2019002	陈浩	78	60	79	72.33333	11
13	2019004	李海军	67	67	79	71	12
14	2019012	朱军	95	69	67	77	8
15	2019008	王振	74	93	56	74.33333	10
16	2019007	沈成功	89	87	8	61.33333	13
17	2019006	罗磊	60	56	67	61	14

图 14-1　Sheet1 工作表

具体操作步骤如下。

（1）选择 B3:E17 单元格区域，在"插入"选项卡下的"柱形图"工具组中选择"柱形图"→"三维簇状柱形图"命令，如图 14-2 所示。图表效果如图 14-3 所示。

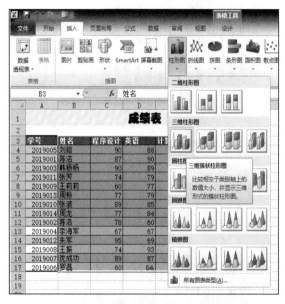

图 14-2　插入"三维簇状柱形图"

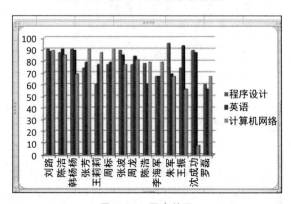

图 14-3　图表效果

（2）选择图表工具的"设计"选项卡下的"图表布局"工具组中的"布局 9"选项，如图 14-4 所示。

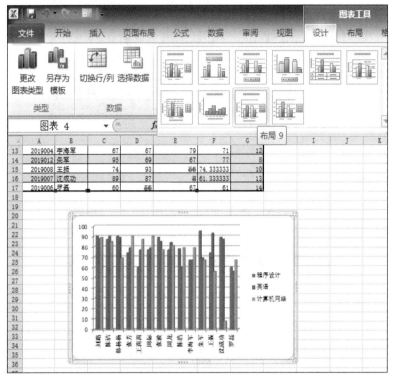

图 14-4　选择"布局 9"选项

（3）修改图表标题与坐标轴标题，最终的图表效果如图 14-5 所示。

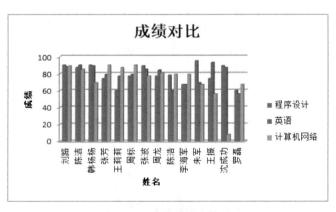

图 14-5　最终的图表效果

3. 编辑图表的各个部分，如图例、图表的格式等。

具体操作步骤如下。

（1）在图例上右击，在弹出的快捷菜单中选择"设置图例格式"命令，弹出"设置图例格式"对话框；在"填充"选项卡下选中"图片或纹理填充"单选按钮，然后在"纹理"

的下拉列表中选择"水滴"选项，如图 14-6 所示；将"图例位置"设置为靠左，如图 14-7
所示。

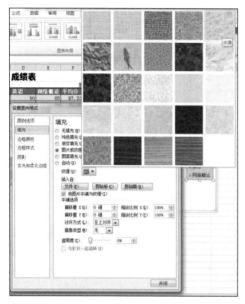

图 14-6　设置"图片或纹理填充"

图 14-7　设置"图例位置"

（2）在图表的空白处右击，在弹出的快捷菜单中选择"设置图表区域格式"选项，如图
14-8 所示；在弹出的"设置图表区格式"对话框中选中"渐变填充"单选按钮，然后在"预
设颜色"的下拉列表中选择"羊皮纸"选项，如图 14-9 所示。

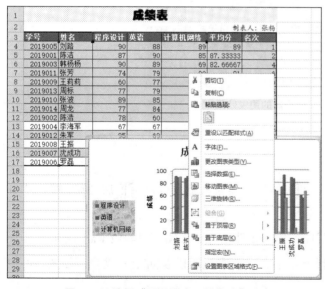

图 14-8　选择"设置图表区域格式"选项

图 14-9　设置"渐变填充"

（3）在"程序设计"所在的柱形区域中右击，在弹出的快捷菜单中选择"设置数据系列
格式"；在弹出的"设置数据系列格式"对话框中，按照图 14-10 进行设置。

图 14-10　设置"填充"和"形状"

（4）修改后的图表效果如图 14-11 所示。

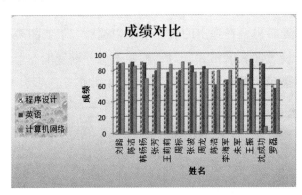

图 14-11　修改后的图表效果

4. 工作表页面设置。

具体操作步骤如下。

（1）单击"页面布局"选项卡下的"页面设置"工具组右下角的对话框启动器，弹出"页面设置"对话框。

（2）在"页面"选项卡中可以设置页面方向、纸张大小等，如图 14-12（a）所示。

（3）在"页边距"选项卡中可以设置上、下、左、右边距以及居中方式等，如图 14-12（b）所示。

（4）在"页眉/页脚"选项卡中可以设置页眉和页脚的相关属性，如图 14-12（c）所示。

（5）在"工作表"选项卡中可以选择打印区域、设置打印标题和打印顺序等，如图 14-12（d）所示。

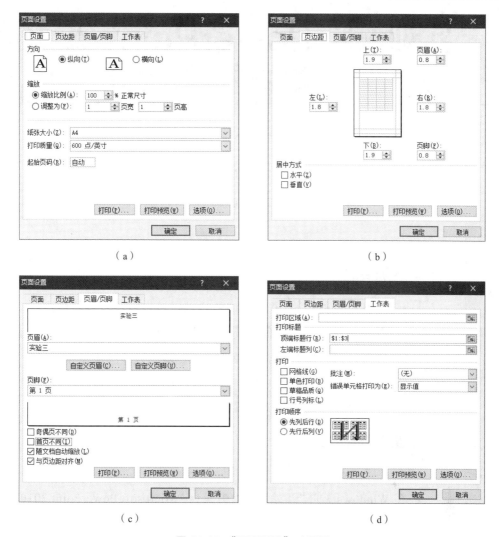

图 14-12　"页面设置"对话框

设置完毕后单击"确定"按钮；也可通过"打印预览"先观察打印效果，如果满意，则进行打印操作。

三、实训练习

1. 在 Excel 2010 中，系统默认的打印区域是当前工作表中的全部区域还是部分区域？通过实验进行验证。

2. 以"实验一.xlsx""实验二.xlsx""实验三.xlsx"中的数据为源数据，创建图表，用更直观的图表方式呈现数据。

15 实训15 PowerPoint 2010的基本操作

一、实训目的

1. 了解 PowerPoint 2010 程序的启动、退出方法及窗口组成。
2. 熟悉创建、打开、保存及放映演示文稿的方法。
3. 掌握幻灯片的创建、选择、移动、复制、删除等基本操作。
4. 掌握幻灯片视图的切换、操作步骤的撤销与恢复等常用操作。
5. 学习使用主题、版式及模板。

二、实训内容和步骤

1. 启动 PowerPoint 2010 程序。

在 Windows 7 的"开始"菜单中找到"Microsoft PowerPoint 2010"选项，单击。

2. 创建演示文稿。

（1）创建空白演示文稿。

启动 PowerPoint 2010 程序后，该程序会自动创建一个空白演示文稿；也可以通过"文件"选项卡下的"新建"选项（见图 15-1）来创建空白演示文稿。

图 15-1 "文件"选项卡下的"新建"选项

（2）创建应用主题的演示文稿。

启动 PowerPoint 2010 程序后，在"文件"选项卡下的"新建"选项右侧的"可用的模板和主题"选项区域中，选择"主题"选项并单击"创建"按钮，即可创建应用某一主题的演示文稿。

（3）根据模板创建演示文稿。

启动 PowerPoint 2010 程序后，在"文件"选项卡下的"新建"选项右侧的"可用的模板和主题"选项区域中，选择"样本模板""Office.com 模板"或"根据现有内容新建"选项，即可根据模板创建演示文稿。

3．切换幻灯片视图。

可在 PowerPoint 2010 窗口右下角的"幻灯片视图选择区"或"视图"选项卡下的"演示文稿视图"工具组中切换幻灯片视图。

4．新建幻灯片。

（1）增加新幻灯片。

在"开始"选项卡下的"幻灯片"工具组中，单击"新建幻灯片"的下拉按钮，在弹出的菜单中选择将要增加的新幻灯片的版式。

（2）复制已有的幻灯片。

在"开始"选项卡下的"幻灯片"工具组中，单击"新建幻灯片"的下拉按钮，在弹出的菜单中选择"复制所选幻灯片"选项。

（3）复制其他演示文稿中的幻灯片。

在"开始"选项卡下的"幻灯片"工具组中，单击"新建幻灯片"的下拉按钮，在弹出的菜单中选择"重用幻灯片"选项。

5．更改幻灯片版式。

在"开始"选项卡下的"幻灯片"工具组中的"版式"的下拉菜单中选择所需要的版式。

6．选择幻灯片。

（1）选择单张幻灯片。

在普通视图左窗格的"幻灯片"选项卡中，单击想要选择的幻灯片。

（2）选择多张连续的幻灯片。

在普通视图左窗格的"幻灯片"选项卡中，单击要选择的第 1 张幻灯片，按住【Shift】键不放，再单击另一张幻灯片，则两张幻灯片及两者之间的所有幻灯片均被选中。

（3）选择多张不连续的幻灯片。

在普通视图左窗格的"幻灯片"选项卡中，单击要选择的第 1 张幻灯片，按住【Ctrl】键不放，再依次单击其他需要选择的幻灯片。

（4）选择全部幻灯片。

在普通视图左窗格的"幻灯片"选项卡中，任意选择一张幻灯片后再按【Ctrl+A】快捷键。

7．移动幻灯片。

在普通视图左窗格的"幻灯片"选项卡中，拖动所选的幻灯片至目标位置放下后松开鼠标左键。

8．复制幻灯片。

在普通视图左窗格的"幻灯片"选项卡中，在要选择的幻灯片上按住鼠标左键后按住【Ctrl】键，拖动所选的幻灯片至目标位置后松开鼠标左键和【Ctrl】键。

9．删除幻灯片。

在普通视图左窗格的"幻灯片"选项卡中，选中要删除的幻灯片后按【Delete】键。

10．通过版式中的占位符添加幻灯片元素。

在幻灯片编辑区中，单击占位符或占位符中所设置的元素图标，即可对相应的元素进行设置，设置完毕后即可添加该元素。

11．操作步骤的撤销与恢复。

往回撤销操作可使用快速访问工具栏中的撤销工具来撤销操作步骤：单击撤销工具左边的按钮，工具可一步一步地撤销操作步骤；单击撤销工具右边的下拉按钮，可以选择撤销到哪一步。

可往前恢复撤销的操作使用快速访问工具栏中的恢复工具来恢复操作步骤。

12．保存演示文稿。

可通过快速访问工具栏中的保存工具，或"文件"选项卡下的"保存"选项来保存演示文稿。

13．放映演示文稿。

可通过"幻灯片视图选择区"中的"幻灯片放映"工具，或 "幻灯片放映"选项卡下的"开始放映幻灯片"工具组中的相关工具来放映演示文稿。

14．打开演示文稿。

双击演示文稿文件，或者先启动 PowerPoint 2010 程序，然后通过"文件"选项卡下的"打开"命令或"最近所用文件"命令，都能打开演示文稿。

15．退出 PowerPoint。

退出 PowerPoint 2010 程序的方法如下。

（1）单击 PowerPoint 2010 窗口右上角的"关闭"按钮。

（2）双击 PowerPoint 2010 窗口左上角的P图标，或单击它，然后选择"关闭"选项。

（3）按【Alt+F4】快捷键。

（4）使用"文件"选项卡下的"退出"命令。

三、实训练习

1. 制作一个用于自我介绍的演示文稿，要求如下。

（1）为演示文稿选择一个主题（不要使用默认的 Office 主题）。

（2）只能通过版式中的占位符为所有幻灯片添加元素。

2. 使用"样本模板"中的"都市相册"模板制作一个相册演示文稿。

16

实训16 幻灯片的制作

一、实训目的

1. 熟悉幻灯片元素的选择、组合、对齐以及调整幻灯片元素的叠放次序等基本操作。

2. 熟悉幻灯片的各种元素，掌握幻灯片元素的使用方法。

3. 掌握设置超链接、动作、背景、页眉和页脚等的方法。

4. 学习制作幻灯片。

二、实训内容和步骤

1. 文本框的应用。

（1）文本框的放置。

选择"开始"选项卡下的"绘图"工具组中的"文本框"工具或"插入"选项卡下的"文本"工具组中的"文本框"工具，在幻灯片上拖动鼠标指针放置至适当的位置后松开鼠标左键，即可在文本框中输入文字。

（2）文本框中文本的设置。

在文本框内拖动鼠标指针选取部分或全部文本，或在文本框边界处单击以选中整个文本框，设置字体时，使用"开始"选项卡中的"字体"工具组；设置段落时，使用"开始"选项卡中的"段落"工具组；设置艺术字时，使用绘图工具的"格式"选项卡中的"艺术字样式"工具组。

（3）文本框样式的设置。

选中文本框，可通过"开始"选项卡下的"绘图"工具组中的"快速样式"工具或绘图工具的"格式"选项卡下的"形状样式"工具组来设置文本框的样式。

2. 形状的应用。

（1）形状的放置。

可在"开始"选项卡下的"绘图"工具组中或在"插入"选项卡下的"插图"工具组中的"形状"工具的下拉菜单中选择所需要的形状；在幻灯片上拖动鼠标指针至适当的位置后松开鼠标左键，即可放置形状。

（2）在形状中输入文字。

在形状上右击，在弹出的快捷菜单中选择"编辑文字"选项，然后输入文字。

（3）形状样式的设置。

与文本框样式的设置方法相同。

3. 图像的应用。

（1）图像的放置。

可通过"插入"选项卡中的"图像"工具组来放置图像。

（2）设置图像的格式。

可通过图片工具的"格式"选项卡来设置图像的格式。

4. SmartArt 图形的应用。

（1）SmartArt 图形的放置。

选择"插入"选项卡下的"插图"工具组中的"SmartArt"工具，在弹出的对话框中选择需要的 SmartArt 图形，单击确定按钮即可在幻灯片中设置 SmartArt 图形。在 SmartArt 图形中加入文字或图片。

（2）在 SmartArt 图形中添加形状（部件）。

选中 SmartArt 图形，在 SmartArt 工具的"设计"选项卡下的"创建图形"工具组中选择"添加形状"工具，即可添加形状（部件）。

（3）在 SmartArt 图形中删除形状（部件）。

选中 SmartArt 图形中的某一个形状（部件），按【Delete】键即可删除。

（4）设置 SmartArt 图形的样式。

选中 SmartArt 图形，在 SmartArt 工具的"设计"选项卡下的"SmartArt 样式"工具组中选择需要的样式。

（5）调整 SmartArt 图形的布局。

选中 SmartArt 图形，在 SmartArt 工具的"设计"选项卡下的"布局"工具组中选择新的布局。

（6）设置 SmartArt 图形中的形状（部件）的格式。

选中 SmartArt 图形中的形状（部件），可在 SmartArt 工具的"格式"选项卡中进行设置。

5. 表格的应用。

（1）表格的放置。

① 设置表格。

选择"插入"选项卡下的"表格"工具组中的"表格"工具，在方格区移动鼠标指针以设置表格的行数和列数，设置好后单击；或者在"插入"选项卡下的"表格"工具组中的"表格"工具的下拉列表中选择"插入表格"选项，在"插入表格"对话框中设置表格的行数和列数。

② 绘制表格。

在"插入"选项卡下的"表格"工具组中的"表格"工具的下拉列表中选择"绘制表格"选项，在幻灯片上拖动鼠标指针即可绘制表格的外侧框线；选择表格工具的"设计"选项卡下的"绘制边框"工具组中的"绘制表格"工具，在刚才绘制的表格中水平或垂直拖动鼠标指针以绘制表格的内部框线；绘制完毕后，再次选择表格工具的"设计"选项卡下的"绘制边框"工具组中的"绘制表格"工具，即可退出绘制。

③ 插入 Excel 表格。

在"插入"选项卡下的"表格"工具组中的"表格"工具的下拉列表中选择"Excel 电子表格"选项，即可插入 Excel 表格。

（2）设置表格样式。

选中表格，在表格工具的"设计"选项卡下的"表格样式"工具组中选择表格样式。

（3）调整表格的行、列，合并与拆分单元格等。

选中表格，在表格工具的"布局"选项卡中选择相应的工具。

（4）设置表格中文本的格式。

选取表格中的文本，设置字体、段落时，使用"开始"选项卡中的"字体"工具组和"段落"工具组；设置艺术字样式时，使用表格工具的"设计"选项卡中的"艺术字样式"工具组。

6. 图表的应用。

（1）图表的放置。

选择"插入"选项卡下的"插图"工具组中的"图表"工具，在"插入图表"对话框中选择需要的图表类型，然后在 Excel 2010 窗口中调整数据区域的大小、填写图表数据。

（2）图表的设置。

选中图表，在图表工具的"设计"选项卡中可以更改图表类型、编辑图表数据、改变图表布局、设置图表样式等。

（3）设置图表的各组成部分的样式。

选中图表，在图表工具的"布局"选项卡中可以设置图表的各组成部分的样式，如设置图例的位置等。

（4）选择图表的构成元素。

在图表上单击，即可选择和单击处属于同一类的构成元素；若在同一处再次单击，将选择单击处的构成元素。

（5）设置图表构成元素的样式。

选择图表的构成元素，在图表工具的"格式"选项卡中设置样式。如果选定的构成元素包含文本，则还可以通过图表工具的"格式"选项卡设置艺术字效果、通过"开始"选项卡中的"字体"工具组和"段落"工具组设置字体和段落的格式。

7．视频的应用。

（1）视频的放置。

单击"插入"选项卡下的"媒体"工具组中的"视频"工具按钮，在"插入视频文件"对话框中选择视频文件，单击"插入"按钮即可插入视频文件。

（2）设置视频的格式。

选中视频，在视频工具的"格式"选项卡中设置视频样式、视频形状等。

（3）设置视频的播放方式。

选中视频，在视频工具的"播放"选项卡中设置视频的播放方式。

8．音频的应用。

（1）音频的放置。

单击"插入"选项卡下的"媒体"工具组中的"音频"工具按钮，在"插入音频"对话框中选择音频文件，单击"插入"按钮即可插入音频文件。

（2）音频的播放放置。

选中音频，在音频工具的"播放"选项卡中设置音频的播放方式。

9．调整幻灯片元素的叠放次序。

选择幻灯片元素，可通过"格式"选项卡下的"排列"工具组中的相应的工具来调整幻灯片元素的叠放次序。

10．设置超链接。

选择幻灯片元素或文本，选择"插入"选项卡下的"链接"工具组中的"超链接"工具，在"插入超链接"对话框中完成相关的设置。

11．设置动作。

选择幻灯片元素或文本，选择"插入"选项卡下的"链接"工具组中的"动作"工具，在"动作设置"对话框中完成相关的设置。

12．组合幻灯片元素。

选择要组合的幻灯片元素，可通过"格式"选项卡下的"排列"工具组中的"组合"工具进行组合。

13. 对齐幻灯片元素。

选择要对齐的幻灯片元素，可通过"格式"选项卡下的"排列"工具组中的"对齐"工具进行对齐。

14. 设置背景。

（1）更改背景样式。

选择"设计"选项卡下的"背景"工具组中的"背景样式"工具，在弹出的菜单中选择需要的背景样式。

（2）设置主题以外的背景。

选择"设计"选项卡下的"背景"工具组中的"背景样式"工具，在弹出的菜单中选择"设置背景格式"选项；在"设置背景格式"对话框中设置背景；单击"关闭"按钮，则设置的背景将作为所选幻灯片的背景；单击"全部应用"按钮，则设置的背景将作为整个演示文稿的背景。

15. 为幻灯片添加页眉、页脚。

选择"插入"选项卡下的"文本"工具组中的"页眉和页脚"工具；在"页眉和页脚"对话框中，设置页眉和页脚的内容；单击"应用"按钮，则为所选的幻灯片添加页眉和页脚；单击"全部应用"按钮，则为整个演示文稿添加页眉和页脚。

三、实训练习

1. 制作一个演示文稿，要求如下。

（1）内容自定。

（2）每张幻灯片均使用空白版式。

（3）第1张幻灯片要包含艺术字标题、制作者信息，整个演示文稿要有背景音乐。

（4）演示文稿中要有如下元素：文本框、形状、图像、SmartArt图形、表格和图表。

（5）为幻灯片设置背景，且第1张幻灯片的背景与其他幻灯片不同。

（6）为幻灯片添加页眉、页脚：添加自动更新的日期和幻灯片编号。

2. 制作一个包含视频的演示文稿，要求如下。

（1）先出现视频目录，单击某一目录项，即可转到相应的幻灯片。

（2）使用SmartArt图形来制作视频目录。

17

实训17　动画设置与演示文稿的输出

一、实训目的

1. 掌握幻灯片切换动画的设置方法。

2. 掌握幻灯片元素动画的设置方法。

3. 了解放映方式、自定义幻灯片放映、排练计时等内容，熟悉放映操作。

4. 熟悉演示文稿打包、将演示文稿制作成视频等操作。

5. 学习运用动画。

二、实训内容和步骤

1. 设置幻灯片切换动画。

（1）设置部分幻灯片的切换动画。

选择相应的幻灯片，在"切换"选项卡下的"切换到此幻灯片"工具组中设置切换方式、切换效果，在"计时"工具组中设置切换的声音、持续时间及换片方式。

（2）设置全部幻灯片的切换动画。

在"切换"选项卡下的"切换到此幻灯片"工具组中设置切换方式、切换效果；在"计时"工具组中设置切换的声音、持续时间及换片方式，并单击"全部应用"按钮。

2. 设置幻灯片元素动画。

（1）打开动画窗格。

单击"动画"选项卡下的"高级动画"工具组中的"动画窗格"按钮。

（2）设置元素动画。

选择某个幻灯片元素，在"动画"选项卡下的"动画"工具组中选择动画并设置相应的效果（选择动画后，单击"动画"工具组右下角的对话框启动器，在出现的对话框中可以设置更多的效果，如设置伴随动画的声音、动画重复播放的次数等）；在"动画"选项卡下的"计时"工具组中的"开始"工具的下拉列表中设置开始播放动画的时间；通过"动画"选项卡下的"高级动画"工具组中的"触发"工具设置动画的特殊开始条件。

（3）为已设置过动画的元素添加动画。

选择相应的元素，单击"动画"选项卡下的"高级动画"工具组中的"添加动画"按钮，在弹出的菜单中选择动画效果，选择后可设置效果、开始播放动画的时间等（与第1次设置动画的方法相同）。

（4）调整动画的播放顺序。

在动画窗格中选择某一动画，单击动画窗格底部的向上或向下箭头，或单击"动画"选项卡下的"计时"工具组中的"向前移动""向后移动"按钮，即可调整动画的播放顺序。

（5）调整动画设置。

在动画窗格中选择某一动画，在"动画"选项卡中可以重新对动画进行设置。

（6）删除动画。

在动画窗格中选择某一动画，按【Delete】键，或单击所选动画右边的向下箭头，然后在弹出的下拉列表中选择"删除"选项，即可删除动画。

（7）动画刷的使用。

① 将某个动画复制到另一个元素上。

选择要复制其动画的某个元素，单击"动画"选项卡下的"高级动画"工具组中的"动画刷"按钮，再单击欲应用相同动画的元素，即可完成复制。

② 将某个动画复制到多个元素上。

选择要复制其动画的某个元素，双击"动画"选项卡下的"高级动画"工具组中的"动画刷"按钮以"拿起"动画刷，依次单击欲应用相同动画的元素，复制完成后，单击"动画刷"工具以"放回"动画刷。

3．放映方式设置。

单击"幻灯片放映"选项卡下的"设置"工具组中的"设置幻灯片放映"按钮，在"设置放映方式"对话框（见图17-1）中进行设置。

4．自定义幻灯片放映。

单击"幻灯片放映"选项卡下的"开始放映幻灯片"工具组中的"自定义幻灯片放映"按钮，在弹出的下拉列表中选择"自定义放映"选项；在"自定义放映"对话框（见图17-2）中单击"新建"按钮；在"定义自定义放映"对话框中设置用于自定义放映的幻灯片、幻灯片放映名称；设置完毕后单击"定义自定义放映"对话框中的"确定"按钮，再单击"自定义放映"对话框中的"关闭"按钮，即可完成设置。

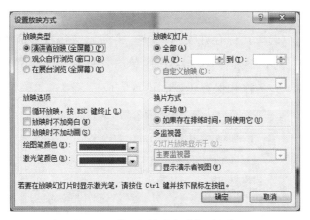

图 17-1 "设置放映方式"对话框

图 17-2 "自定义放映"对话框及"定义自定义放映"对话框

5. 演示文稿的放映。

（1）从当前幻灯片开始放映。

单击"幻灯片视图选择区"中的"幻灯片放映"按钮，单击"幻灯片放映"选项卡下的"开始放映幻灯片"工具组中的"从当前幻灯片开始"按钮，或按【Shift+F5】快捷键，都可从当前幻灯片开始放映演示文稿。

（2）从头开始放映。

单击"幻灯片放映"选项卡下的"开始放映幻灯片"工具组中的"从头开始"按钮，或按【F5】键，即可从头开始放映演示文稿。

（3）按自定义放映方式放映。

单击"幻灯片放映"选项卡下的"开始放映幻灯片"工具组中的"自定义幻灯片放映"按钮；在弹出的下拉列表中选择已创建的自定义放映方式，即可按自定义放映方式放映演示文稿。

6. 排练计时。

单击"幻灯片放映"选项卡下的"设置"工具组中的"排练计时"按钮，这样，放映一遍演示文稿所需的时间就会被记录下来。

7. 演示文稿的打包。

在"文件"选项卡中选择"保存并发送"→"将演示文稿打包成 CD"→"打包成 CD"命令，在"打包成 CD"对话框（见图 17-3）中单击"复制到文件夹"按钮；在"复制到文件夹"对话框中设置文件夹名称和保存设置，设置完成后，单击"确定"按钮即可完成打包。

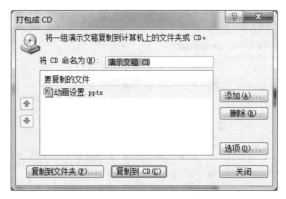

图 17-3 "打包成 CD"对话框

8. 将演示文稿制作成视频。

在"文件"选项卡中选择"保存并发送"→"创建视频"→"创建视频"命令，在"另存为"对话框中选择保存位置、为视频文件命名、选择保存类型设置完毕后单击"保存"按钮，即可将演示文稿制作成视频。

三、实训练习

1. 以在实训 16 的实训练习部分的第 1 题中制作的演示文稿为基础进行如下操作。

（1）将第 1 张幻灯片的切换动画设为"时钟"，声音设为"鼓掌"；其余幻灯片的切换动画设为自左侧"推进"，无声音；所有幻灯片的换片方式设为"单击鼠标时"。

（2）为幻灯片上的每个元素都设置动画。

（3）自定义两种放映方式并进行放映。

（4）将演示文稿制作成视频并观看视频效果。

2. 利用剪贴画等素材制作一个小型卡通片。

18

实训18 Windows网络环境和共享资源

一、实训目的

1. 掌握 TCP/IP 属性的设置方法。
2. 掌握 Windows 共享资源的设置和使用方法。

二、实训内容和步骤

1. 查看计算机上的网络环境信息。

具体操作步骤如下。

（1）单击"控制面板"中的"网络和共享中心"图标；在窗口的左上方选择"更改适配器设置"选项；右击"本地连接"，在弹出的快捷菜单中选择"属性"选项，弹出"本地连接属性"对话框，如图 18-1 所示。

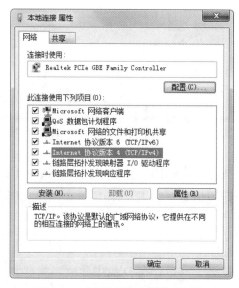

图 18-1 "本地连接属性"对话框

（2）选中"Internet 协议版本 4（TCP/IP）V4"，单击"属性"按钮，弹出"Internet 协议版本 4（TCP/IPV4）属性"对话框，如图 18-2 所示。

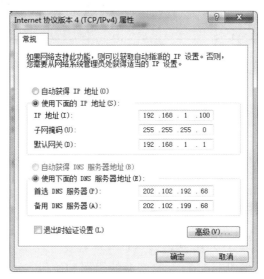

图 18-2 "Internet 协议版本 4（TCP/IPV4）属性"对话框

（3）在此对话框中可配置本台计算机的 IP 地址、子网掩码、网关和 DNS 服务器地址。

2．使用 ipconfig 命令查看所使用的计算机上的网卡配置信息。

（1）在任务栏中单击"开始"按钮，选择"运行"选项，在"运行"对话框中输入"cmd"，如图 18-3 所示。

图 18-3 "运行"对话框

（2）单击"确定"按钮，在弹出的窗口中输入"ipconfig"，再按【Enter】键即可显示所使用的计算机上的网卡配置信息，如图 18-4 所示。

3．设置共享文件夹。

具体操作步骤如下。

（1）双击打开"计算机"窗口，在 D 盘中建立名为"共享文件夹"的文件夹，并复制相应的文件到该文件夹中。

图 18-4　网卡配置信息

（2）右击共享文件夹，在快捷菜单中选择"属性"选项，在弹出的"共享文件夹属性"对话框中选择"共享"选项卡，如图 18-5 所示。

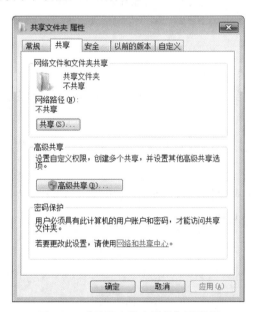

图 18-5　"共享文件夹属性"对话框

（3）单击"共享"选项卡中的"高级共享"按钮，在弹出的"高级共享"对话框中选中"共享此文件夹"复选框，并将共享名设置为"共享文件夹"，单击"确定"按钮即可完成设置。

4．设置共享打印机。

具体操作步骤如下。

（1）在"控制面板"中，单击"设备和打印机"图标，然后在工具栏中单击"添加打印机"按钮。

（2）在对话框中选择"添加网络、无线或 Bluetooth 打印机（W）"选项，然后按向导设置即可，如图18-6所示。

图18-6 "添加打印机"对话框

三、实训练习

查询本机的IP地址。操作提示如下。

（1）右击桌面上的"网络"图标，在弹出的快捷菜单中选择"属性"命令。

（2）在弹出的"网络和共享中心"对话框中单击"更改适配器设置"选项。

（3）在弹出的"网络连接"对话框中，右击"本地连接"，在弹出的快捷菜单中选择"属性"命令。

（4）在弹出的"本地连接属性"对话框中选中"Internet 协议版本 4（TCP/IPV4）"，再单击"属性"按钮，即可看到本机的IP地址。

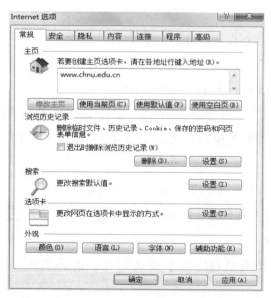

19 实训19　IE浏览器和信息搜索

一、实训目的

1. 掌握 IE 浏览器的使用方法。
2. 掌握整个网页以及网页中图片和文字的保存方法。
3. 掌握在网上查找所需要的信息的方法。

二、实训内容和步骤

1. IE 浏览器。

（1）设置 IE 浏览器的主页。

启动 IE 浏览器，选择"工具"→"Internet 选项"命令，弹出"Internet 选项"对话框，在"主页"文本框中输入淮北师范大学的域名，如图 19-1 所示。

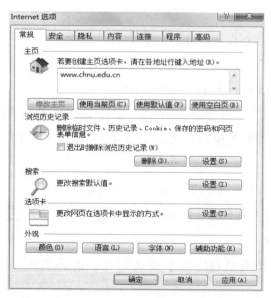

图 19-1　"Internet 选项"对话框

（2）启动 IE 浏览器，在地址栏中输入"http://www.moe.gov.cn/"，按【Enter】键即可查看教育部官网。

（3）保存整个网页。

打开某个网页，选择"工具"→"文件"→"另存为"命令，弹出"保存网页"对话框，在"保存类型"的下拉列表中选择"网页，全部（*.htm;*.html）"类型，再单击"保存"按钮即可保存整个网页。

（4）保存网页中的图片。

打开某个网页，右击要保存的图片，在弹出的快捷菜单中选择"图片另存为"命令，弹出"保存图片"对话框；在对话框中设置保存位置和文件名，设置完毕后单击"保存"按钮，即可保存图片。

（5）保存网页中文字。

① 如果要保存网页中的全部文字，保存方法与保存整个网页的方法类似，不同的是要将保存类型设置为"文本文件（*.txt）"。

② 如果要保存网页中的部分文字，则先选定要保存的文字并右击，在弹出的快捷菜单中选择"复制"命令，然后将内容复制到文件中即可。

2. 搜索引擎。

利用百度查找提供 mp3 的网站。

具体操作步骤如下。

在百度主页的搜索框内输入 mp3，选择"音乐"选项。

三、实训练习

1. IE 浏览器的基本设置。操作提示如下。

（1）选择"工具"→"Internet 选项"命令，在弹出的"Internet 选项"对话框的"常规"选项卡下将 https://www.baidu.com/ 设为主页。

（2）选择"工具"→"Internet 选项"命令，在弹出的"Internet 选项"对话框的"常规"选项卡下设置"网页保存在历史记录中的天数"为 10 天，并删除自己浏览的历史记录。

2. 网页浏览和保存。操作提示如下。

（1）浏览中关村在线网站，在各种栏目中选择并下载自己喜欢的 5 张图片，并将其另存到自己建立的文件夹中。

（2）在网站中找两个自己喜欢或认为有价值的页面并将其保存到自己建立的文件夹中。

（3）在网站中找两篇自己喜欢或认为有价值的文章，将一篇保存为 Word 文档，将另一篇保存为文本文档，并将这两篇文章均保存在自己建立的文件夹中。

3．搜索并保存一个关于"计算机等级考试"的网页。操作提示如下。

分别用百度、搜狗搜索关键词"计算机等级考试"，将搜索到的网页保存到自己建立的 3 个文件夹中。

20

实训20 电子邮件的收发与文件的下载

一、实训目的

1. 掌握申请免费电子邮箱的方法。

2. 掌握邮件的收发方法。

3. 掌握文件下载的常用方法。

二、实训内容和步骤

1. 申请免费电子邮箱。

具体操作步骤如下。

（1）打开"163网易免费邮"页面，如图20-1所示。

图 20-1 "163 网易免费邮"页面

（2）单击"注册新账号"按钮，出现图 20-2 所示的页面，填写相关信息后，单击"立即注册"按钮即可成功申请 163 免费电子邮箱。

图 20-2　网易 163 免费邮箱注册页面

2. 电子邮件的收发。

具体操作步骤如下。

（1）在"163 网易免费邮"页面中单击"密码登录"按钮，进入邮箱登录页面，输入刚申请的邮箱账号及密码，如图 20-3 所示。

图 20-3　网易 163 免费邮箱登录页面

（2）登录邮箱后，选择左侧的"写信"选项，如图 20-4 所示。

图 20-4　网易 163 免费邮箱登录后的页面

（3）输入收件人邮箱账号、邮件主题、邮件内容，如果要发送图片等其他文件，可单击"添加附件"按钮，如图 20-5 所示；在弹出的"选择要加载的文件"对话框中选择要发送的文件，单击"打开"按钮，即可在邮件中添加附件；然后单击"发送"按钮，即可将邮件发送到指定的邮箱。

图 20-5　编辑邮件的页面

3．文件的下载。

（1）直接在网页上下载文件。

具体操作步骤如下。

① 搜索有关"迅雷"的网页。

②　打开其中一个下载的网页，选中一个提供下载的链接。

③　右击该链接，在弹出的快捷菜单中选择"目标另存为"命令，指定保存位置并开始下载程序。

（2）利用下载工具下载文件。

具体操作步骤如下。

①　安装下载工具，如常用的迅雷软件。可在迅雷官网上下载最新版本的安装包，下载成功后，即可在计算机上安装迅雷软件。

②　在网上找到一个可下载的格式为".mp3"的文件，选中该文件的下载链接。

③　右击该链接，在弹出的快捷菜单中选择"使用迅雷下载"命令，即可打开迅雷软件。

三、实训练习

1. 申请一个免费电子邮箱。

2. 发送一封带附件的邮件，收件人是自己。

3. 在网页中搜索"搜狗输入法"，分别通过网页和迅雷下载"搜狗输入法"。

21

实训21　360安全卫士与杀毒软件的使用

一、实训目的

1. 掌握 360 安全卫士的使用方法。
2. 掌握 360 杀毒软件的使用方法。

二、实训内容和步骤

1. 360 安全卫士的使用。

（1）双击桌面上的"360 安全卫士"图标，启动 360 安全卫士程序，其界面如图 21-1 所示。

图 21-1　"360 安全卫士"的界面

（2）360 安全卫士集"电脑体检""木马查杀""电脑清理""系统修复""优化加速"等多种功能于一体，在其内含的"360 软件管家"

中还可下载、升级和强力卸载各种应用软件。

（3）电脑体检：对计算机系统进行快速的检查，可解决木马病毒、系统漏洞、多余插件等多种问题，并降低潜在的安全风险，以提高计算机的运行速度。

（4）木马查杀：先进的启发式引擎，将智能查杀未知木马的功能和云安全引擎合为一体，查杀能力倍增。

（5）电脑清理：全面清除计算机中的垃圾，可最大限度提升系统性能，提高计算机和浏览器的运行速度。

（6）系统修复：可解决浏览器主页、开始菜单、桌面图标、文件夹、系统设置等被恶意篡改的诸多问题，使系统迅速恢复到"健康状态"。

2．360 杀毒软件的使用。

双击桌面上的"360 杀毒"图标，启动 360 杀毒程序，其界面如图 21-2 所示。360 杀毒软件提供了 4 种扫描病毒的方式：快速扫描、全盘扫描、自定义扫描及宏病毒扫描。

（1）快速扫描：扫描 Windows 系统目录及 Program Files 目录。

（2）全盘扫描：扫描所有磁盘。

（3）自定义扫描：对自己规定的地方进行扫描。

（4）宏病毒扫描：可全面查杀 Excel、Word 等文档中的 Office 宏病毒。

只需单击相应的按钮就可以开始扫描。启动扫描之后，会显示扫描进度窗口。在这个窗口中可看到正在扫描的文件、总体的扫描进度以及存在问题的文件。

图 21-2　"360 杀毒"的界面

三、实训练习

使用 360 安全卫士和 360 杀毒软件对本机进行体检和杀毒。操作提示如下。

（1）双击桌面上的"360 安全卫士"图标，启动 360 安全卫士程序，单击界面中的"电脑体检"按钮。

（2）双击桌面上的"360 杀毒"图标，启动 360 杀毒程序，单击界面中的"全盘扫描"按钮，设置扫描完成后自动处理并关闭计算机。

第 2 部分

强化练习

01 习题1 计算机基础知识

一、单项选择题

1. 下列各种进制的数中最小的数是（　　　）。

   A. 52O　　　　　B. 2BH　　　　　C. 44D　　　　　D. 101001B

2. 与十六进制数 2A 等值的十进制数是（　　　）。

   A. 20　　　　　　B. 42　　　　　　C. 34　　　　　　D. 40

3. 下列字符中，ASCII 码值最大的是（　　　）。

   A. Y　　　　　　B. y　　　　　　C. A　　　　　　D. a

4. 在微型计算机内部，汉字"安徽"占（　　　）字节。

   A. 1　　　　　　B. 2　　　　　　C. 3　　　　　　D. 4

5. 计算机主要由（　　　）、CPU、键盘、显示器组成。

   A. 存储器　　　B. 鼠标　　　　C. 主机　　　　D. 打印机

6. 在计算机领域中，所谓"裸机"是指（　　　）。

   A. 单片机

   B. 单板机

   C. 没有安装任何软件的计算机

   D. 只安装了操作系统的计算机

7. 计算机系统软件中，最核心的是（　　　）。

   A. 语言处理系统　　　　　　　　B. 服务系统

   C. 操作系统　　　　　　　　　　D. 数据库系统

8. 将高级语言的源程序变为目标程序要经过（　　　）。

   A. 汇编　　　　B. 解释　　　　C. 编辑　　　　D. 编译

9. 在内存中，每个基本单位都被赋予一个唯一的序号，这个序号被称为（　　　）。

A. 地址   B. 编号   C. 容量   D. 字节

10. 微型计算机，配置高速缓冲存储器（Cache）是为了解决（   ）。

     A. 内存储器与辅助存储器之间速度不匹配的问题

     B. CPU 与内存储器之间速度不匹配的问题

     C. CPU 与辅助存储器之间速度不匹配的问题

     D. 主机与外设之间速度不匹配的问题

11. 微型计算机中，基本输入输出系统 BIOS 是（   ）。

     A. 硬件   B. 软件   C. 总线   D. 外围设备

12. 微型计算机中，硬盘分区的目的是（   ）。

     A. 将一个物理硬盘分为几个逻辑硬盘   B. 将一个逻辑硬盘分为几个物理硬盘

     C. 将 DOS 系统分为几个部分   D. 将一个物理硬盘分为几个物理硬盘

13. 下列各项中，不属于多媒体硬件的是（   ）。

     A. 视频采集卡   B. 声卡   C. 网银 U 盾   D. 摄像头

14. 下列选项中，属于视频文件格式的是（   ）。

     A. MP4   B. JPEG   C. MP3   D. WMA

15. 在数据库的相关概念中，DBMS 是（   ）的英文缩写。

     A. 数据库   B. 数据库系统

     C. 数据库管理系统   D. 数据

16. 在关系数据库中，实体集合可看成一张二维表，则实体的属性是（   ）。

     A. 二维表   B. 二维表中的一行

     C. 二维表中的一列   D. 二维表中的一个数据项

二、多项选择题

1. 计算机未来的发展方向为（   ）。

     A. 多极化   B. 网络化   C. 多媒体化   D. 智能化

2. 在计算机中，采用二进制数主要是因为（   ）。

     A. 具有可行性   B. 运算规则简单

     C. 逻辑性强   D. 实现相同功能所使用的设备最少

3. 在下列有关计算机操作系统的叙述中，正确的有（   ）。

     A. 操作系统属于系统软件

     B. 操作系统只负责管理内存储器，而不管理外存储器

     C. UNIX 是一种操作系统

     D. 计算机的处理器、内存等硬件资源也由操作系统管理

4. 在下列关于计算机软件系统组成的叙述中，错误的是（　　　）。

    A. 软件系统由应用程序和数据组成

    B. 软件系统由软件工具和应用程序组成

    C. 软件系统由软件工具和测试软件组成

    D. 软件系统由系统软件和应用软件组成

5. 微型计算机中的 CMOS 主要用来对参数进行设置。下列几项中，是 CMOS 的功能选项有（　　　）。

    A. 保存系统时间　　　　　　　　　　B. 保存用户文件

    C. 保存用户程序　　　　　　　　　　D. 保存启动系统的口令

一、单项选择题

1. 下面关于操作系统的叙述中，错误的是（　　　）。
   A. 操作系统是用户与计算机之间的接口
   B. 操作系统直接作用于硬件，并为其他应用软件提供支持
   C. 操作系统分为单用户、多用户等类型
   D. 操作系统可直接编译并执行高级语言源程序

2. 下面关于 Windows 窗口的描述中，错误的是（　　　）。
   A. 窗口是 Windows 应用程序的用户界面
   B. Windows 的桌面也是 Windows 窗口
   C. 用户可以改变窗口的大小并在屏幕上移动窗口
   D. 窗口主要由边框、标题栏、菜单栏、工作区、状态栏、滚动条等组成

3. 在 Windows 7 操作系统中，将打开的窗口拖动到屏幕顶端，窗口会（　　　）。
   A. 关闭　　　　　B. 消失　　　　　C. 最大化　　　D. 最小化

4. 下列关于 Windows 桌面图标的叙述，错误的是（　　　）。
   A. 所有图标都可以重命名
   B. 所有图标都可以重新排列
   C. 所有图标都可以被复制
   D. 所有图标都可以移动

5. 在 Windows 中，将当前窗口作为图片复制到剪贴板时，应该使用（　　　）快捷键。
   A.【Alt+Print Screen】　　　　　　　　B.【Alt+Tab】

C.【Print Screen】   D.【Alt+Esc】

6. Windows 7 操作系统的"开始"菜单包含了 Windows 7 系统的（ ）。

  A. 主要功能   B. 全部功能   C. 部分功能   D. 初始化功能

7. 在 Windows 中，使同时打开的多个窗口并排显示时，参加排列的窗口为（ ）。

  A. 所有已打开的窗口   B. 用户指定的窗口

  C. 当前窗口   D. 除已最小化以外的所有打开的窗口

8. 在 Windows 中，利用"回收站"可恢复（ ）上被误删除的文件。

  A. 软盘   B. 硬盘   C. 内存储器   D. 光盘

9. 在 Windows 中，在下拉菜单里的各个命令项中，有一类命令项被选中执行时会弹出对话框，该命令项的显示特点是（ ）。

  A. 命令项的右面标有一个实心三角 B. 命令项的右面标有省略号

  C. 命令项本身以浅灰色显示   D. 命令项位于一条横线以上

10. 在 Windows 中，在"计算机"窗口中双击"本地磁盘（C:）"图标，将会（ ）。

  A. 格式化该硬盘   B. 复制该硬盘的内容

  C. 删除该硬盘的所有文件   D. 显示该硬盘的内容

11. 在 Windows 中，鼠标主要有 3 种操作方式，即单击、双击和（ ）。

  A. 连续交替按下左右键   B. 拖放

  C. 连击   D. 与键盘击键配合使用

12. 在 Windows 中，可使用（ ）进行中／英文输入法的切换。

  A.【Ctrl+Space】快捷键   B.【Shift+Space】快捷键

  C.【Ctrl+Shift】快捷键   D. 右【Shift】键

13. 文件的类型可以根据（ ）来识别。

  A. 文件的大小 B. 文件的用途 C. 文件的扩展名 D. 文件的存放位置

14. 在 Windows 中的"计算机"窗口中，若已选定硬盘上的文件或文件夹，并按了【Shift+Delete】快捷键，再单击"确定"按钮，则该文件或文件夹将（ ）。

  A. 被删除并放入"回收站"   B. 不被删除也不放入"回收站"

  C. 直接被删除而不放入"回收站" D. 不被删除但放入"回收站"

15. 若以"Administrator"用户名登录到 Windows 7 操作系统，则该用户默认的权限是（ ）。

  A. 受限用户

  B. 一般用户

  C. 可以访问计算机系统中的任何资源，但不能安装／卸载系统程序

  D. 享有对计算机系统的最大管理权

16. 在 Windows 中，文件夹中只能包含（　　　）。

　　A. 文件　　　　　　 B. 文件和子文件夹　C. 子目录　　　　　 D. 子文件夹

17. 在 Windows 中，在窗口操作中进行了两次剪切操作，第 1 次剪切了 5 个字符，第 2 次剪切了 3 个字符，则剪贴板中的内容为（　　　）。

　　A. 第 1 次剪切的后两个字符和第 2 次剪切的 3 个字符

　　B. 第 1 次剪切的 5 个字符

　　C. 第 2 次剪切的 3 个字符

　　D. 第 1 次剪切的前两个字符和第 2 次剪切的 3 个字符

18. 在 Windows 中，打开"资源管理器"窗口后，要改变文件或文件夹的显示方式，应选用（　　　）。

　　A. "文件"菜单　　 B. "编辑"菜单　　 C. "查看"菜单　　 D. "帮助"菜单

19. 在 Windows 中，其自带的只能处理纯文本的文字编辑工具是（　　　）。

　　A. 写字板　　　　　 B. 剪贴板　　　　　 C. Word　　　　　　 D. 记事本

20. 在 Windows 中，"磁盘碎片整理程序"的主要作用是（　　　）。

　　A. 修复损坏的磁盘　　　　　　　　 B. 缩小磁盘空间

　　C. 提高文件访问速度　　　　　　　 D. 清除暂时不用的文件

二、多项选择题

1. 下列微型计算机的各种功能中，（　　　）是操作系统的功能。

　　A. 实行文件管理

　　B. 对内存和外部设备实行管理

　　C. 充分利用 CPU 的处理能力，采用多用户和多任务方式

　　D. 将各种计算机语言翻译成机器指令

2. 在启动 Windows 7 操作系统的过程中，下列描述正确的是（　　　）。

　　A. 若上次是非正常关机，则系统会自动进入硬盘检测进程

　　B. 可不必进行用户身份验证而完成登录

　　C. 在登录时可以使用用户身份验证制度

　　D. 系统在启动过程中将自动搜索即插即用设备

3. 在 Windows 中，终止应用程序执行的正确方法是（　　　）。

　　A. 双击应用程序窗口左上角的控制菜单框

　　B. 将应用程序窗口最小化成图标

　　C. 单击应用程序窗口右上角的关闭按钮

　　D. 双击应用程序窗口中的标题

4. Windows 中常见的窗口类型有（　　　　）。

    A. 文档窗口　　　　　　　　　　　　　　B. 应用程序窗口

    C. 对话框窗口　　　　　　　　　　　　　D. 命令窗口

5. 在 Windows 7 操作系统中，个性化设置包括（　　　　）。

    A. 主题　　　　　B. 桌面背景　　　　C. 窗口颜色　　　　D. 屏幕保护程序

6. 在 Windows 7 操作系统中，属于默认库的有（　　　　）。

    A. 文档　　　　　B. 音乐　　　　　C. 图片　　　　　D. 视频

7. 在 Windows 7 操作系统中，在打开的文件夹中显示文件（夹）的方式有（　　　　）。

    A. 大图标　　　　　B. 小图标　　　　　C. 列表　　　　　D. 详细信息

8. 在 Windows 环境中，对磁盘文件进行有效管理的工具有（　　　　）。

    A. 计算机　　　　　B. 回收站　　　　　C. 文件管理器　　　　D. 资源管理器

9. 在选定文件夹后，下列操作中能删除该文件夹的是（　　　　）。

    A. 按【Delete】键

    B. 右击该文件夹，打开快捷菜单，然后选择"删除"命令

    C. 在窗口的"组织"菜单中选择"删除"命令

    D. 双击该文件夹

10. 下列属于 Windows 7 操作系统控制面板中的设置项目的是（　　　　）。

    A. 个性化　　　　B. 网络和共享中心　C. 用户账户　　　　D. 程序和功能

三、操作题

1. 当打开多个窗口时，如何激活某个窗口，使之变成活动窗口？

2. 按如下要求设置任务栏。

（1）将任务栏移到屏幕的右侧，再将任务栏移回原处。

（2）改变任务栏的宽度。

（3）关闭任务栏中的"时钟"图标并设置任务栏为自动隐藏。

（4）在任务栏中右侧的区域显示"电源选项"图标。

3. 按照要求完成下列操作。

（1）在桌面上新建一个文件夹，将其命名为"UserTest"，再在其中新建两个子文件夹"User1""User2"。

（2）将子文件夹"User2"的名称更改为"UserTemp"。

（3）利用记事本或写字板编辑一个文档，在文档中练习输入汉字，输入约 500 个汉字和 500 个英文字符，以"WD1"命名该文档并将其保存在桌面上的"UserTest"文件夹中。

（4）利用"画图"程序练习使用各种绘图工具，并绘制一幅图，将该图片保存到桌面上的"UserTest"文件夹下的"User1"子文件夹中，并将其命名为"WD2"；对此图加以修改，

将修改后的图片另存到子文件夹"UserTemp"中，并将其命名为"WD3"。

（5）将桌面上的"UserTest"文件夹中的文件和子文件夹复制到 D 盘中。

（6）完成以上操作后，为桌面上的"UserTest"文件夹设置"只读"属性。

（7）删除子文件夹"User1"和"UserTemp"中的文件"WD2"和"WD3"，再从"回收站"中将文件"WD3"还原。删除桌面上的"UserTest"文件夹。

4．利用控制面板完成当前计算机的个性化设置，如桌面背景、声音及屏幕保护程序等。

5．调整系统的日期和时间。

6．选用、删除或添加输入法。

7．练习使用计算器，如一般的计算、复杂的数理问题以及不同进制的数之间的转换等。请计算 $\cos\pi + \log20 + (5!)^2$。

一、单项选择题

1. 启动 Word 2010 程序时，系统将自动创建一个（　　　　）的新文档。

    A．以用户输入的前 8 个字符作为文件名

    B．没有文件名

    C．名为 "*.doc"

    D．名为 "文档 1"

2. 在 Word 2010 的（　　　　）视图方式下，可以显示分页效果。

    A．Web 版式　　　B．大纲　　　　　C．页面　　　D．草稿

3. 在 Word 2010 主窗口的右上角，可以同时显示的按钮是（　　　　）。

    A．最小化、向下还原和最大化

    B．向下还原、最大化和关闭

    C．最小化、向下还原和关闭

    D．向下还原和最大化

4. 在 Word 2010 的编辑状态下，可使当前的输入汉字状态转换到输入英文字符状态的快捷键是（　　　　）。

    A．【Ctrl+Space】　　　　　　　　B．【Alt+Ctrl】

    C．【Shift+Space】　　　　　　　　D．【Alt+Space】

5. 在 Word 2010 的编辑状态下，选择"开始"选项卡下的"剪贴板"工具组中的"复制"命令后，（　　　　）。

    A．被选中的内容被复制到插入点

    B．被选中的内容被复制到剪贴板处

    C．插入点所在的段落内容被复制到剪贴板

    D. 光标所在的段落内容被复制到剪贴板

6. 下列操作中,(　　)能关闭所有打开的 Word 文档。

    A. 选择"文件"选项卡中的"关闭"命令

    B. 选择"文件"选项卡中的"退出"命令

    C. 按【Alt+F4】快捷键

    D. 双击 Word 窗口左上角的 Word 图标

7. 在 Word 2010 中的"开始"选项卡下的"段落"工具组中,不能设定文本的(　　)。

    A. 缩进　　　　　　B. 段落间距　　　　　C. 字形　　　　　　D. 行间距

8. 若要进入页眉、页脚编辑区,可以选择(　　)选项卡下的"页眉和页脚"工具组中的相关命令。

    A. "文件"　　　　　B. "开始"　　　　　C. "插入"　　　　　D. "页面布局"

9. 关于 Word 2010 的分栏,下列说法正确的是(　　)。

    A. 最多可以分 2 栏　　　　　　　　　B. 各栏的宽度必须相同

    C. 各栏的宽度可以不同　　　　　　　D. 各栏之间的距离是固定的

10. 在 Word 2010 的"开始"选项卡下的(　　)工具组中,可为所选文本设置文本效果。

    A. "字体"　　　　　B. "段落"　　　　　C. "样式"　　　　　D. "编辑"

11. Word 2010 在"开始"选项卡下的(　　)工具组中提供了查找与替换功能,可以用于快速查找信息或成批替换信息。

    A. "字体"　　　　　B. "段落"　　　　　C. "样式"　　　　　D. "编辑"

12. 在 Word 2010 中,要将表格中的一个单元格变成两个单元格,则在选定该单元格后,应执行表格工具的"布局"选项卡下的"合并"工具组中的(　　)命令。

    A. "删除单元格"　B. "合并单元格"　C. "拆分单元格"　D. "绘制表格"

13. 在 Word 2010 的编辑状态下,可以按【Delete】键删除光标后面的一个字符,按(　　)键删除光标前面的一个字符。

    A.【Backspace】　B.【Insert】　　　C.【Alt】　　　　D.【Ctrl】

14. 在 Word 2010 的文本编辑状态下,利用键盘上的(　　)键可以在插入和改写两种状态间切换。

    A.【Delete】　　　B.【Backspace】　C.【Insert】　　　D.【Home】

15. 在进行 Word 文档录入时,按(　　)快捷键可产生段落标记。

    A.【Shift+Enter】　B.【Ctrl+Enter】　C.【Alt+Enter】　D.【Enter】

16. 在 Word 2010 中插入图片时,默认使用(　　)环绕方式。

    A. 嵌入型　　　　　B. 四周型　　　　　C. 紧密型　　　　　D. 上下型

17. 在 Word 2010 中,如要横向打印文档内容,则在"页面设置"对话框中应选择(　　)

选项卡。

    A．"纸张大小"   B．"纸张来源"   C．"版面"   D．"页边距"

二、多项选择题

1．在 Word 2010 中，文本对齐方式包括（   ）。

    A．左对齐   B．居中   C．右对齐   D．两端对齐

2．在 Word 2010 中，可以为（   ）加边框。

    A．表格   B．段落   C．图片   D．选定文本

3．在 Word 2010 中，在"页面设置"对话框中可以对（   ）进行设置。

    A．页边距   B．纸张大小

    C．打印页码范围   D．纸张的打印方向

4．下列关于在 Word 2010 中的撤销操作的说法，正确的是（   ）。

    A．只能撤销一步   B．可以撤销多步

    C．不能撤销对页面的设置   D．撤销的命令可以恢复

5．在 Word 2010 中，下列关于查找与替换的说法，错误的是（   ）。

    A．查找与替换只能对文本进行操作   B．查找与替换不能对段落格式进行操作

    C．查找与替换可以对指定格式进行操作 D．查找与替换不能对指定字体进行操作

三、填空题

1．Word 2010 文档默认的扩展名是_____。

2．在输入文本时，按【Enter】键后将产生_____符。

3．在 Word 2010 中，编辑文本文件时用于保存文件的快捷键是_____。

4．在 Word 2010 中要查看文档的页数、字数、段落数等信息，可以选择"审阅"选项卡下的"校对"工具组中的_____命令。

5．在 Word 2010 中，在用【Ctrl+C】快捷键将所选内容复制到剪贴板后，可以使用_____快捷键将所选内容粘贴到相应的位置。

6．使用"插入"选项卡下的"符号"工具组中的_____命令，可以插入特殊字符和符号。

7．在 Word 2010 中，可以通过_____选项卡下的命令打开最近所用的文档。

8．选定文本后，拖动鼠标指针到指定的位置可实现文本的移动；按住_____键拖动鼠标指针到指定的位置可实现文本的复制。

四、操作题

1．打开 Word 2010 窗口，输入下面的内容。

生存周期之综合测试阶段

这个阶段的关键任务是通过各种类型的测试（及相应的调试）使软件达到预定的要求。最基本的测试是集成测试和验收测试。

所谓集成测试，是指根据设计的软件结构，把经过单元测试检验的模块按某种选定的策略装配起来，在装配过程中对软件进行必要的测试。

所谓验收测试，则是指按照规格说明书的规定（通常在需求分析阶段确定），由用户（或在用户的积极参加下）对目标系统进行验收。必要时还可以再通过现场测试或平行运行等方法对目标系统进行进一步的测试和检验。

为了使用户能够积极参加验收测试，并且在系统投入生产性运行以后能够正确、有效地使用这个系统，通常需要以正式的或非正式的方式对用户进行培训。通过对软件测试结果的分析可以预测软件的可靠性；根据对软件可靠性的要求也可以决定测试和调试过程什么时候可以结束。应该用正式的文档资料把测试计划、详细测试方案以及实际测试结果保存下来，并将其作为软件配置的组成成分。

2. 输入结束后，将 Word 文档保存为"myword.docx"，并完成下面的操作。

（1）将标题"生存周期之综合测试阶段"的字符间距设置为加宽 2 磅，缩放 90%，加蓝色双下划线，添加"茶色，背景 2，深色 25%"底纹，隶书三号字，居中对齐。

（2）将正文第 1 段字体格式设置为楷体，四号；段落格式设置为首行缩进 2 个字符，两端对齐，行距为 1.5 倍行距，段前距为 1 行，段后距为 2 行。

（3）将正文第 2 段分为 2 栏，栏宽相等，加分隔线。

（4）设置正文第 3 段的边框为 0.5 磅的红色细实线，要求正文距离上、下、左、右边框各 3 磅。

（5）设置页眉内容为"综合测试阶段"，字符为宋体、小五号，对齐方式为右对齐。

（6）设置纸张大小为 16 开，左、右页边距为 2cm。

（7）在文后插入如下表格。

节次　　星期		星期一	星期二	星期三	星期四	星期五
上午	1、2 节					
	3、4 节					
中午		12:40～13:10　午休				
下午	5、6 节					
	7、8 节					
晚上	9、10 节					
	11、12 节					

习题4　Excel 2010电子表格处理软件

一、单项选择题

1. 在 Excel 2010 中，工作簿指的是（　　）。

  A．数据库

  B．由若干类型的表格共存的单一电子表格

  C．图表

  D．用来存储和处理数据的工作表的集合

2. 用 Excel 2010 创建一个学生成绩表，若按班级统计并比较各门课程的平均分，需要进行的操作是（　　）。

  A．数据筛选　　　　　　　　B．排序

  C．合并计算　　　　　　　　D．分类汇总

3. 在 Excel 2010 中，右击单元格选择"删除"选项时，会弹出一个对话框，下列（　　）不是其中的选项。

  A．上方单元格下移　　　　　B．下方单元格上移

  C．右侧单元格左移　　　　　D．整列

4. 在 Excel 2010 中，当前工作表的 B1:C5 单元格区域已经填入数值型数据，如果要计算这 10 个单元格的平均值并把结果保存在 D1 单元格中，则要在 D1 单元格中输入（　　）。

  A．=COUNT(B1:C5)　　　　　B．=AVERAGE(B1:C5)

  C．=MAX(B1:C5)　　　　　　D．=SUM(B1:C5)

5. 在 Excel 2010 中，设定 A1 单元格的数字类型为"数值"，小数位数为"0"。当输入"33.51"时，A1 单元格中会显示（　　）。

  A．33.51　　　B．33　　　C．34　　　D．ERROR

6. Excel 2010 有多种图表类型，折线图最适合反映（　　）。

A．各数据之间量与量的大小差异

B．各数据之间量的变化快慢

C．单个数据在所有数据的总和中所占的比例

D．数据之间的对应关系

7．在 Excel 2010 中，位于同一工作簿中的各工作表之间（　　　）。

A．不能有关联　　　　　　　　B．不同工作表中的数据可以相互引用

C．可以重名　　　　　　　　　D．不相互支持

8．用 Excel 2010 可以创建各类图表。要描述特定时间内各个项之间的差别，并对各项进行比较，应选择（　　　）。

A．条形图　　　　B．折线图　　　　C．饼图　　　　D．面积图

9．在 Excel 2010 中，下列说法中错误的是（　　　）。

A．并不是所有函数都可以由公式代替　　B．TRUE 在有些函数中的值为 1

C．输入公式时必须以"="开头　　　　　D．所有的函数都有参数

10．在 Excel 2010 中，不能进行的操作是（　　　）。

A．恢复被删除的工作表　　　　　B．修改工作表名称

C．移动和复制工作表　　　　　　D．插入和删除工作表

11．在 Excel 2010 中如果一个单元格中的内容以"="开头，则说明该单元格中的信息是（　　　）。

A．常数　　　　B．公式　　　　C．提示信息　　　　D．无效数据

12．下列关于 Excel 2010 工作表拆分的描述中，正确的是（　　　）。

A．只能进行水平拆分

B．只能进行垂直拆分

C．可以进行水平拆分和垂直拆分，但不能同时拆分

D．可以进行水平拆分和垂直拆分，还可以同时拆分

13．Excel 2010 中的数据库管理功能是（　　　）。

A．筛选数据　　　B．排序数据　　　C．汇总数据　　　D．以上都是

14．在单元格中输入"="DATE"&"TIME""产生的结果是（　　　）。

A．DATETIME　　B．DATE&TIME　　C．逻辑值"真"　　D．逻辑值"假"

15．在 Excel 2010 中，数据清单中的列标记被认为是数据库的（　　　）。

A．字数　　　　B．字段名　　　　C．数据类型　　　　D．记录

16．当某单元格中的字符串长度超过单元格宽度时，而其右侧单元格为空，则字符串的超出部分将（　　　）。

A．被截断删除　　　　　　　　　B．作为另一个字符串存入 B1 中

C．显示"#####"　　　　　　　　D．超格显示

17. 在 Excel 2010 中，A7 单元格中的公式是 "=SUM(A2:A6)"，将其复制到单元格 E7 后，公式变为（　　　）。

  A. "＝SUM(A2:A6)"　　　　　　　　B. "＝SUM(E2:E6)"

  C. "＝SUM(A2:A7)"　　　　　　　　D. "＝SUM(E2:E7)"

18. 在 Excel 2010 中，选择"编辑"工作组的"清除"选项，可以（　　　）。

  A. 清除全部　　　B. 清除格式　　　C. 清除内容　　　D. 以上都包括

19. Excel 2010 中"自动套用格式"的功能是（　　　）。

  A. 输入固定格式的数据　　　　　　B. 选择固定区域的数据

  C. 对工作表按固定格式进行修饰　　D. 对工作表按固定格式进行计算

20. 在记录学生各科成绩的 Excel 2010 数据清单中，要找出某门课程不及格的所有同学，应使用（　　　）命令。

  A. 查找　　　　　B. 排序　　　　　C. 筛选　　　　　D. 定位

二、多项选择题

1. 在 Excel 2010 中，输入函数的方法包括（　　　）。

  A. 直接在单元格中输入函数

  B. 直接单击编辑栏中的"插入函数"按钮

  C. 在"开始"选项卡下的"编辑"工具组中的"∑自动求和"按钮旁边的下拉按钮所对应的列表中选择相应的函数

  D. 单击"公式"选项卡下的"插入函数"按钮

2. 在 Excel 2010 中选取单元格的方式包括（　　　）。

  A. 在编辑栏左边的单元格名称框中直接输入单元格的名称

  B. 单击单元格

  C. 使用键盘方向键

  D. 利用"开始"选项卡下的"编辑"工具组中的"查找和选择"列表中的"转到"命令

3. 在 Excel 2010 中，下列有关图表操作的叙述中，正确的是（　　　）。

  A. 可以改变图表类型

  B. 不能改变图表的大小

  C. 当删除图表中某一数据系列时，对工作表中的数据没有影响

  D. 不能移动图表

4. 在 Excel 2010 中，可以选择一定的数据区域来建立图表。当该数据区域的数据发生变化时，下列叙述中错误的是（　　　）。

  A. 图表需重新生成才能改变　　　　B. 图表将自动改变

C. 需要通过命令刷新图表　　　　　　　D. 系统将给出错误提示

5. 在 Excel 2010 中，可以在活动单元格中（　　　）。

　　A. 输入文字　　　　B. 输入公式　　　　C. 设置边框　　　　D. 加入超链接

6. Excel 2010 的"清除"命令不能（　　　）。

　　A. 删除单元格　　　　　　　　　　B. 删除行

　　C. 删除单元格的格式　　　　　　　　D. 删除列

7. 下列关于 Excel 2010 工作表的描述中，不正确的是（　　　）。

　　A. 一个工作表可以有无穷个行和列

　　B. 工作表不能更名

　　C. 一个工作表可以作为一个独立文件存储

　　D. 工作表是工作簿的一部分

8. 在 Excel 2010 中，若要改变行高，则可以（　　　）。

　　A. 选择"开始"选项卡下的"单元格"工具组中的"格式"的下拉列表中的"行高"
　　　　选项

　　B. 选择"开始"选项卡下的"单元格"工具组中的"插入"的下拉列表中的"插入
　　　　工作表行"选项

　　C. 通过拖动鼠标来调整行高

　　D. 通过"页面设置"来改变行高

9. 在下列关于 Excel 2010 功能的叙述中，不正确的是（　　　）。

　　A. 不能处理图形

　　B. 不能处理公式

　　C. Excel 2010 的数据库管理可支持数据记录的增、删、改等操作

　　D. 一个工作表可包含多个工作簿

10. 在 Excel 2010 中，对 A1:C3 单元格区域中的所有数据进行求和，正确的函数写法是
（　　　）。

　　A. SUM(A1,A2,A3,B1,B2,B3,C1,C2,C3)　B. SUM(A1:C3)

　　C. SUM(A1:A3,C1:C3)　　　　　　　　D. SUM(A1:C1,A3:C3)

三、填空题

1. 用 Excel 2010 编辑的一般的电子表格文件，其扩展名是_____。启动 Excel 2010
程序后，在 Excel 2010 窗口内显示的当前工作表为_____。

2. 在 Excel 2010 中，要同时选择多个不相邻的工作表，应利用_____键。

3. 一张 Excel 2010 工作表，最多可以包含_____行和_____列。

4. 在 Excel 2010 中，若要在单元格中显示电话号码 05613801234，则输入的内容为

_____。

5. 在单元格中输入文本时，通常是_____对齐；输入数字时，是_____对齐。

6. 单元格中可以输入的内容包括_____、_____、_____、_____等。

7. 输入当天日期的快捷键是_____，输入当天时间的快捷键是_____。

8. 在 Excel 中，单元格地址的引用有_____、_____、_____3 种。

9. 在进行分类汇总前，必须先完成_____操作。

10. 在 Excel 2010 中，常用的图表类型有_____、_____、_____等。

四、操作题

1. 对本班同学上学期的各科成绩进行处理，按照每位同学的总分排序，找出排名前 5 的同学。

2. 根据"常见水果营养成分表"（见图 4-1），求出常见水果的各种营养成分的平均含量，并根据各种水果的脂肪含量，制作"脂肪含量"分离型三维饼图。

	A	B	C	D	E	F	G
1	常见水果营养成分表						
2		番茄	蜜橘	苹果	香蕉	平均含量	
3	水分	95.91	88.36	84.64	87.11		
4	脂肪	0.31	0.31	0.57	0.64		
5	蛋白质	0.8	0.74	0.49	1.25		
6	碳水化合物	2.25	10.01	13.08	19.55		
7	热量	15	44	58	88		
8							

图 4-1 "常见水果营养成分表"效果图

3. 针对图 4-2 所示的工作表中的数据进行如下操作。

	A	B	C	D	E	F
1	产品	单价	数量	合计		
2	矿泉水	3.5	320			
3	纯净水	1.8	549			
4	牙刷	1.6	828			
5	火腿肠	5	200			
6	牙膏	2.5	716			
7						
8			数量超过400的合计之和			
9						

图 4-2 产品销售表

（1）将工作表 Sheet1 重命名为"产品销售表"。

（2）在该表中用公式计算"合计"一列的数值（合计=单价*数量）。

（3）设置 C8 单元格的文本控制方式为"自动换行"。

（4）在 D8 单元格内用 SUMIF()函数计算所有数量超过 400（包含 400）的产品的"合计"数值之和。

（5）设置表中文本对齐格式为水平居中对齐和垂直居中对齐。

（6）设置 A1:D6 单元格区域按"合计"数值的降序排列。

（7）根据"产品"和"合计"两列制作三维簇状柱形图，并添加图表标题"销售图"。

4. 针对图 4-3 所示的工作表中的数据进行如下操作。

	A	B	C	D	E
1					
2	产品编码	数量	价格	折扣	金额
3	KZ101	1481	143.4		
4	KZ102	882	129.2		
5	KZ103	1575	114.4		
6	KZ104	900	162.3		
7	KZ105	1532	325.6		
8	KZ106	561	133.7		
9	KZ107	551	94.8		
10	KZ108	1282	105.8		
11	KZ109	812	193.3		

图 4-3　产品销售明细表

（1）在 A1 单元格中输入"产品销售明细"。

（2）将 A1:E1 单元格的对齐方式设置为合并后居中，字体设置为黑体，字号设置为 18。

（3）设置 D3:D11 单元格区域的数字格式为：百分比、保留 0 位小数。

（4）为 A2:E11 单元格区域添加双实线外边框、单实线内部边框。

（5）使用 IF()函数计算每类产品的折扣（计算规则为：如果数量大于 1000，则折扣为 5%；否则，则折扣为 0），并将数值填入 D 列对应的单元格。

（6）使用公式计算金额（计算规则为：金额=数量*价格*（1-折扣）。将计算结果填入 E 列对应的单元格。

（7）设置 A2:E11 单元格区域按照"数量"列数值的降序排序。

（8）根据"产品编码"列（A2:A11 单元格区域）和"金额"列（E2:E11 单元格区域）的数据制作簇状柱形图，将图表的标题设置为"销售记录"，图例位置设置为"右上"。

05 习题5 PowerPoint 2010 演示文稿制作软件

一、单项选择题

1. PowerPoint 2010 是（　　　）。

    A. 数据库管理软件　　　　　　　　B. 文字处理软件

    C. 电子表格软件　　　　　　　　　D. 演示文稿制作软件

2. PowerPoint 2010 演示文稿的扩展名是（　　　）。

    A. .ppt　　　　　　B. .pps　　　　　　C. .pptx　　　　　　D. .ppsx

3. 演示文稿的基本组成单元是（　　　）。

    A. 图形　　　　　B. 幻灯片　　　　　C. 超链接　　　　D. 文本

4. PowerPoint 中主要的编辑视图是（　　　）。

    A. 幻灯片浏览视图　　　　　　　　B. 普通视图

    C. 阅读视图　　　　　　　　　　　D. 备注页视图

5. 在 PowerPoint 的普通视图左侧的大纲窗格中，可以修改的是（　　　）。

    A. 占位符中的文字　　　　　　　　B. 图表

    C. 自选图形　　　　　　　　　　　D. 文本框中的文字

6. 需要从当前幻灯片开始放映时使用的快捷键是（　　　）。

    A.【F6】　　　　　　　　　　　　B.【Shift+F6】

    C.【F5】　　　　　　　　　　　　D.【Shift+F5】

7. 用于停止幻灯片放映的快捷键是（　　　）。

    A.【End】　　　　B.【Ctrl+E】　　　C.【Esc】　　　　D.【Ctrl+C】

8. 用于关闭 PowerPoint 窗口的快捷键是（　　　）。

    A.【Alt+F4】　　　B.【Ctrl+X】　　　C.【Esc】　　　　D.【Shift+F】

9. 制作完成的演示文稿，如果希望打开时自动播放，应另存为的文件格式是（　　　）。

  A．.pptx   B．.ppsx   C．.docx   D．.xlsx

10. 需要获取 PowerPoint 帮助信息时使用的功能键是（　　　）。

  A．【F1】   B．【F2】   C．【F11】   D．【F12】

二、填空题

1. 在普通视图下的"幻灯片"选项卡中，删除幻灯片的操作是＿＿＿＿＿。

2. 放映时若要跳过演示文稿中的第 2 张幻灯片，则需对其进行＿＿＿＿＿处理。

3. 若要为文本框中的文字设置项目符号，可使用的工具是＿＿＿＿＿。

4. "格式刷"工具位于＿＿＿＿＿选项卡中。

5. 选定多个幻灯片元素时，要按住＿＿＿＿＿键。

6. 为幻灯片添加编号时，可使用＿＿＿＿＿工具。

7. 在幻灯片浏览视图下，选定某张幻灯片并拖动，所完成的操作是＿＿＿＿＿。

8. 插入组织结构图时，需要使用＿＿＿＿＿元素。

9. 要求幻灯片中的元素按一定的顺序出现，应进行的设置是＿＿＿＿＿。

10. 一个演示文稿如果需要在另外一台没有安装 PowerPoint 软件的计算机上放映，可以对该演示文稿进行＿＿＿＿＿处理。

一、单项选择题

1. 当个人计算机以拨号方式接入 Internet 时，必须使用的设备是（　　）。

    A. 网卡　　　　　　　　　　　　B. 调制解调器（Modem）

    C. 电话机　　　　　　　　　　　D. 浏览器软件

2. OSI 参考模型的最高层是（　　）。

    A. 传输层　　　B. 网络层　　　C. 物理层　　　D. 应用层

3. （　　）是指连入网络的不同档次、不同型号的微型计算机，它是网络中实际为用户操作的工作平台，它通过插在微型计算机上的网卡和连接电缆与网络服务器相连。

    A. 网络工作站　　　　　　　　　B. 网络服务器

    C. 传输介质　　　　　　　　　　D. 网络操作系统

4. 计算机网络的目标是实现（　　）。

    A. 数据处理　　　　　　　　　　B. 文献检索

    C. 资源共享和信息传输　　　　　D. 信息传输

5. （　　）是网络的心脏，它提供了网络最基本的核心功能，如网络文件系统、存储器的管理和调度等。

    A. 服务器　　　　　　　　　　　B. 工作站

    C. 服务器操作系统　　　　　　　D. 通信协议

6. 目前网络传输介质中传输速率最高的是（　　）。

    A. 双绞线　　　B. 同轴电缆　　　C. 光缆　　　D. 电话线

7. 与 Web 网站和 Web 页面密切相关的一个概念是"统一资源定位器"，它的英文缩写是（　　）。

　　A．UPS　　　　　B．USB　　　　　C．ULR　　　　　D．URL

8. 域名是 Internet 服务提供商的计算机名，域名中的后缀 .gov 表示机构所属类型为（　　　）。

　　A．军事机构　　　B．政府机构　　　C．教育机构　　　D．商业公司

9. 下列属于计算机网络所特有的设备是（　　　）。

　　A．显示器　　　　B．UPS 电源　　　C．服务器　　　　D．鼠标

10. 根据域名代码规定，域名 xxxx.com.cn 表示的网站类别是（　　　）。

　　A．教育机构　　　B．军事部门　　　C．商业组织　　　D．国际组织

11. 浏览 Web 网站必须使用浏览器，目前常用的浏览器是（　　　）。

　　A．Hotmail　　　　　　　　　　　B．Outlook Express

　　C．Inter Exchange　　　　　　　　D．Internet Explorer

12. 在计算机网络中，通常把提供并管理共享资源的计算机称为（　　　）。

　　A．服务器　　　　B．工作站　　　　C．网关　　　　　D．网桥

13. 通常一台计算机要接入互联网，应该安装的设备是（　　　）。

　　A．网络操作系统　　　　　　　　　B．调制解调器或网卡

　　C．网络查询工具　　　　　　　　　D．浏览器

14. Internet 实现了分布在世界各地的各类网络的互联，其最基础和核心的协议是（　　　）。

　　A．TCP/IP　　　　B．FTP　　　　　C．HTML　　　　　D．HTTP

15. 下列关于接入 Internet 并且支持 FTP 的两台计算机之间的文件传输的说法，正确的是（　　　）。

　　A．只能传输文本文件　　　　　　　B．不能传输图形文件

　　C．所有文件均能传输　　　　　　　D．只能传输几种类型的文件

16. 下列不属于 Internet 基本功能的是（　　　）。

　　A．电子邮件　　　B．文件传输　　　C．远程登录　　　D．实时监测控制

17. 某台计算机的 IP 地址为 210.45.137.112，该地址属于（　　　）。

　　A．A 类地址　　　B．B 类地址　　　C．C 类地址　　　D．D 类地址

18. 按（　　　）将网络划分为广域网（WAN）、城域网（MAN）和局域网（LAN）。

　　A．接入的计算机数量　　　　　　　B．接入的计算机类型

　　C．拓扑类别　　　　　　　　　　　D．地理范围

19. 支持电子邮件发送和接收的应用层协议是（　　　）。

　　A．SMTP 和 POP3　　　　　　　　B．SMTP 和 IMAP

　　C．POP3 和 IMAP　　　　　　　　D．SMTP 和 MIME

20. 以下关于 URL 的说法，正确的是（　　　）。

　　A．URL 就是网站的域名　　　　　　B．URL 是网站的计算机名

C．URL 中不能包括文件名　　　　　　D．URL 表明用什么协议，访问什么对象

二、填空题

1. ＿＿＿＿＿＿＿＿过程将数字化的电子信号转换成模拟化的电子信号，再送上通信线路。

2. 在网络互联设备中，连接两个同类型的网络需要用＿＿＿＿＿＿＿＿＿＿。

3. 目前，广泛流行的以太网所采用的拓扑结构是＿＿＿＿＿＿＿＿＿＿。

4. 提供网络通信和网络资源共享功能的操作系统称为＿＿＿＿＿＿＿＿＿＿。

5. Internet 上最基本的通信协议是＿＿＿＿＿＿＿＿＿＿。

6. 局域网是一种在小区域内使用的网络，其英文缩写为＿＿＿＿＿＿＿＿＿＿。

7. 计算机网络最本质的功能是实现＿＿＿＿＿＿＿＿＿＿。

8. 在计算机网络中，通信双方必须共同遵守的规则或约定，称为＿＿＿＿＿＿＿＿＿＿。

9. 计算机网络是由负责信息处理并向全网提供可用资源的＿＿＿＿＿＿子网和负责信息传输的＿＿＿＿＿＿子网组成。

10. C 类 IP 地址的网络号占＿＿＿＿＿＿＿＿＿＿位。

三、简答题

1. 什么是计算机网络？由哪两部分组成？

2. OSI 参考模型分为哪几层？各层的功能分别是什么？

3. 典型的网络拓扑结构有哪几种？各有什么特点？

4. 网络传输介质有哪几种？

5. 网络互联设备有哪些？各有什么功能？

6. Internet 的连接方式有哪些？

7. 收发电子邮件所使用的协议有哪些？

8. 如何上传与下载文件？

07 习题7 信息安全

一、单项选择题

1. 第 1 个有关信息技术安全评价的标准是（　　　）。

    A. 可信计算机系统评价准则

    B. 信息技术安全评价准则

    C. 加拿大可信计算机产品评价准则

    D. 信息技术安全评价联邦准则

2. 计算机系统安全评价标准中的国际通用准则（cc）将评估等级分为（　　　）个等级。

    A. 5　　　　　　　B. 6　　　　　　　C. 7　　　　　　　D. 9

3. 下列属于对称加密算法的是（　　　）。

    A. AES　　　　　　B. RSA　　　　　　C. DSA　　　　　　D. Hash

4. 计算机病毒可以使整个计算机瘫痪，危害极大，计算机病毒是（　　　）。

    A. 人为开发的程序　　　　　　　B. 一种生物病毒

    C. 软件失误产生的程序　　　　　D. 灰尘

5. 病毒程序进入计算机（　　　）并得到驻留是它进行传染的第 1 步。

    A. 外存　　　　　B. 内存　　　　　C. 硬盘　　　　　D. 软盘

6. 计算机病毒具有（　　　）。

    A. 传染性、潜伏性、破坏性、隐蔽性

    B. 传染性、破坏性、易读性、潜伏性

    C. 潜伏性、破坏性、易读性、隐蔽性

    D. 传染性、潜伏性、安全性、破坏性

7. 计算机病毒通常分为引导型、文件型和（　　　）及宏病毒。

A. 外壳型　　　　　　　　　　　B. 混合型

C. 内码型　　　　　　　　　　　D. 操作系统型

8. 引导型病毒程序通常存放在（　　　）。

A. 最后一扇区中　　　　　　　　B. 第 2 物理扇区中

C. 数据扇区中　　　　　　　　　D. 引导扇区中

9. 发现计算机病毒后，比较彻底的清除方式是（　　　）。

A. 用查毒软件处理　　　　　　　B. 删除磁盘文件

C. 用杀毒软件处理　　　　　　　D. 格式化磁盘

10.（　　　）年，可令个人计算机的操作受到影响的计算机病毒首次被人发现。

A. 1949　　　　　B. 1959　　　　　C. 1986　　　　　D. 1993

11.（　　　）是在内部网与外部网之间检查网络服务请求分组是否合法，网络中传送的数据是否会对网络安全构成威胁的设备。

A. 交换机　　　　B. 路由器　　　　C. 防火墙　　　　D. 网桥

12. 下列关于防火墙的说法中，错误的是（　　　）。

A. 能有效地记录 Internet 上的活动

B. 防火墙是一个安全策略的检查站

C. 能防范全部的威胁

D. 能强化安全策略

二、填空题

1. 通常人们把计算机信息系统的非法入侵者称为_____。

2. 国际通用准则（cc）将评估过程划分为_____和_____两部分，将评估等级划分为 EAL1、EAL2、EAL3、EAL4、EAL5、EAL6 和 EAL7 共 7 个等级。

3. 常用的信息安全技术包括_____、_____、_____、认证技术和_____。

4. 根据密钥类型不同，可以将现代密码技术分为_____和_____两类。

5. _____是一种网络安全保障技术，它用于增强内部网络安全性，决定外界的哪些用户可以访问内部的哪些服务，以及哪些外部站点可以被内部人员访问。

6. 一般的计算机病毒通常有以下特征：_____、_____、_____、可触发性、针对性、破坏性和隐蔽性等。

三、简答题

1. 信息安全是怎样产生的？它的目标是什么？

2. 什么是计算机犯罪？

3. 简述黑客攻击的主要方法。

4. 简述计算机病毒的定义、特性和分类。

5. 如何检测和清除计算机病毒？

6. 简述防火墙的定义、功能和特性。

7. 网络防火墙与病毒防火墙有什么区别？

8. 简述防火墙的类型。

08 习题8 计算思维

一、单项选择题

1. 人类认识世界和改造世界的 3 种科学思维是指（　　）。

   A. 抽象思维、逻辑思维和形象思维

   B. 逻辑思维、实证思维和计算思维

   C. 逆向思维、演绎思维和发散思维

   D. 计算思维、理论思维和辩证思维

2. 计算思维的本质是（　　）。

   A. 抽象和自动化　　　　　　　B. 计算和求解

   C. 程序和执行　　　　　　　　D. 问题求解和系统设计

3. 下列选项中，不属于计算思维的特征的是（　　）。

   A. 概念化，不是程序化

   B. 是机械的技能，而不是基础的

   C. 数学和工程思维的互补与融合

   D. 是思想，不是人造品

4. 下列选项中，（　　）不是科学方法的特点。

   A. 鲜明的主体性　　　　　　　B. 充分的合乎规律性

   C. 客观性和可靠性　　　　　　D. 高度的保真性

5. 大学计算机基础课程中拟学习的计算思维是指（　　）。

   A. 计算机相关的知识

   B. 算法与程序设计技巧

   C. 蕴含在计算科学知识背后的具有贯通性和联想性的内容

   D. 知识和技巧的结合

6. 下列关于如何学习计算机思维的说法中正确的是（　　）。

   A．为思维而学习知识而不是为知识而学习知识

   B．不断训练，只有这样才能将思维转换为能力

   C．先从贯通知识的角度学习思维，再学习更为细节性的知识，即用思维引导知识的学习

   D．以上都是

7. 计算科学的计算研究（　　　）。

   A．面向人可执行的一些复杂函数的等效、简便计算方法

   B．面向机器可自动执行的一些复杂函数的等效、简便计算方法

   C．面向人可执行的求解一般问题的计算规则

   D．面向机器可自动执行的求解一般问题的计算规则

   E．上述说法都不对

8. "人"计算与"机器"计算的差异是（　　　）。

   A．"人"计算宁愿使用复杂的计算规则，以便减少计算量来获取结果

   B．"机器"计算则需使用简单的计算规则，以便能够做出执行规则的机器

   C．"机器"计算所使用的计算规则可能很简单但计算量却很大，尽管这样，就算计算量越来越大，机器也能够获得计算结果

   D．"机器"可以使用"人"所使用的计算规则，也可以不使用"人"所使用的计算规则

   E．以上说法都正确

9. 下列关于计算思维的描述中，正确的是（　　　）。

   A．计算思维是指运用计算和科学的基础概念去求解问题、设计系统和理解人类行为

   B．计算思维是一种解析思维

   C．计算思维综合了数学思维、工程思维和科学思维

   D．以上说法都正确

10. （　　　）首次提出计算思维的定义。

   A．陈国良　　　　　B．周以真　　　　　C．Denning　　　　　D．Aho

11. （　　　）年，周以真教授首次提出计算思维的概念。

   A．2006　　　　　B．2011　　　　　C．2008　　　　　D．2012

12. 下列关于计算思维能力的说法中，正确的是（　　　）

   A．计算思维能力是面对一个新问题时，运用所有资源将其解决的能力

   B．计算思维能力，是所有大学生都应学习和培养的

   C．计算思维能力的培养不等同于程序设计或编程能力的培养

   D．可以通过多学科整合和不同教育阶段共同关注，将计算思维融入学生学习知识和解决问题的过程，从而达到培养学生计算思维能力的目的

E. 以上说法都正确

13. 下列说法中，（　　）是计算思维区别于逻辑思维和实证思维的关键点。

    A. 计算思维是一种递归思维，是一种并行处理，是一种能把代码译成数据又能把数据译成代码的多维分析推广的类型检查方法

    B. 计算思维是一种采用抽象和分解的方法来控制庞杂的任务或进行巨型复杂系统的设计的方法，是基于关注点分离的方法

    C. 计算思维是一种选择合适的方式去陈述一个问题，或针对一个问题的相关方面建模使其易于处理的思维方法

    D. 计算思维是按照预防、保护及通过冗余、容错、纠错的方式，并从最坏情况进行系统恢复的一种思维方式

    E. 以上都是

二、填空题

1. 计算思维能力的核心是_____；_____；_____；_____。

2. 用计算机解决问题时必须遵循的基本思考原则是_____。

3. 计算思维是运用计算机科学的基础概念进行_____等涵盖计算机科学之广度的一系列思维活动。

4. 计算思维的特征有：_____；_____；_____；_____；_____；_____。

5. _____是抽象的自动执行，_____需要某种计算机去解释抽象。

三、简答题

1. 什么是计算思维？其与实证思维和逻辑思维的区别是什么？

2. 什么是计算思维能力？如何培养学生的计算思维能力？

3. 科学方法都有哪些特点？其基本步骤是什么？

4. 列举日常生活中可体现计算思维的实例。

一、单项选择题

1. 被认为是人工智能"元年"的时间应为（　　）。

   A. 1948 年　　　B. 1946 年　　　C. 1956 年　　　D. 1961 年

2. 人工智能是一门（　　）。

   A. 数学和生理学

   B. 心理学和生理学

   C. 语言学

   D. 综合性的交叉学科和边缘学科

3. 智能包含（　　）、记忆、思维、学习、自适应、行为等能力。

   A. 感知　　　　B. 理解　　　　C. 学习　　　　D. 网络

4. 在 1997 年 5 月 11 日著名的"人机大战"中，世界国际象棋"棋王"卡斯帕罗夫最终以"1 胜 2 负 3 平"的成绩输给了计算机，这台计算机被称为（　　）。

   A. 深思　　　　B. IBM　　　　C. 深蓝　　　　D. 蓝天

5. 要想让机器具有智能，必须让机器具有知识。因此，在人工智能中有一个研究领域，主要研究计算机如何自动获取知识和技能，以实现自我完善，这门研究分支学科叫（　　）。

   A. 专家系统　　B. 机器学习　　C. 神经网络　　D. 模式识别

6. 不能用来判断一个机器人是否是智能机器人的是（　　）。

   A. 感知功能　　B. 思考功能　　C. 存储功能　　D. 行为功能

7. 人工智能应用研究的两个最重要、最广泛的领域为（　　）。

   A. 专家系统、自动规划　　　　B. 专家系统、机器学习

   C. 机器学习、智能控制　　　　D. 机器学习、自然语言理解

二、填空题

1. 一般来说，智能是一种认识客观事物和运用知识解决问题的综合能力，是_____的总和。

2. 模式识别分为_____和_____两种。

3. 专家系统是一个_____，其内部含有大量的某个领域专家水平的知识与经验，能够利用人类专家的知识和解决问题的方法来处理该领域的问题。

4. 人工智能是研究使计算机来模拟人的某些_____和_____的学科。

5. 知识表示是对知识的一种描述，是一种计算机可以接受的用于描述知识的_____。

三、简答题

1. 简述人工智能的应用。

2. 什么是人工神经网络？

3. 科学思维都有哪些？

4. 什么是机器学习？

参考答案

习 题 1

一、单项选择题

1. D　　2. B　　3. B　　4. D　　5. A　　6. C　　7. C

8. D　　9. A　　10. B　　11. B　　12. A　　13. C　　14. A

15. C　　16. C

二、多项选择题

1. ABCD　　2. ABCD　　3. ACD　　4. ABC　　5. AD

习 题 2

一、单项选择题

1. D　　2. B　　3. C　　4. C　　5. A　　6. B　　7. D

8. B　　9. B　　10. D　　11. B　　12. A　　13. C　　14. C

15. D　　16. B　　17. C　　18. C　　19. D　　20. C

二、多项选择题

1. ABC　　2. ABCD　　3. AC　　4. ABC　　5. ABCD

6. ABCD　　7. ABCD　　8. AD　　9. ABC　　10. ABCD

三、操作题

1. 操作提示如下。在 Windows 环境中，同一时刻只能有一个窗口为活动窗口。当多个窗口被打开时，只需单击其中一个窗口，该窗口即变成活动窗口。

2．操作提示如下。

（1）在任务栏空白处右击，在弹出的快捷菜单中取消"锁定任务栏"；在任务栏空白处按住鼠标左键并将任务栏拖曳到屏幕右侧，释放鼠标左键即可使任务栏移动到屏幕右侧；用同样的方法将任务栏拖曳到原处。

（2）将鼠标指针指向任务栏边缘，指针变为双向箭头，上下拖动鼠标即可改变任务栏的宽度。

（3）① 右击任务栏空白处，在弹出的快捷菜单中选择"属性"命令；打开"任务栏和「开始」菜单属性"对话框，选择"任务栏"选项卡，在"通知区域"中单击"自定义"按钮，在弹出的窗口下方单击"打开或关闭系统图标"，在弹出的窗口中将"时钟"的"行为"设置成"关闭"即可。

② 右击任务栏空白处，在弹出的快捷菜单中选择"属性"命令；打开"任务栏和「开始」菜单属性"对话框，选择"任务栏"选项卡，选中"自动隐藏任务栏"复选框，单击"确定"按钮即可。

（4）右击任务栏空白处，在弹出的快捷菜单中选择"属性"命令；打开"任务栏和「开始」菜单属性"对话框，选择"任务栏"选项卡，在"通知区域"中单击"自定义"按钮，在弹出的窗口下方单击"打开或关闭系统图标"，在弹出的窗口中将"电源"的"行为"设置成"打开"即可。

3．操作提示如下。

（1）在桌面上右击，在弹出的快捷菜单中选择"新建"→"文件夹"命令，将新建的文件夹命名为"UserTest"；双击打开"UserTest"文件夹，使用相同的方法在其中新建两个子文件夹"User1"和"User2"。

（2）右击"User2"文件夹，在弹出的快捷菜单中选择"重命名"命令，输入"UserTemp"后按【Enter】键即可。

（3）选择"开始"→"所有程序"→"附件"→"记事本"命令，启动"记事本"程序，开始编辑文本文件，输入题目要求的内容后，单击"文件"→"保存"，选择 UserTest 文件夹，将文件名修改为 WD1，单击"保存"按钮。

（4）选择"开始"→"所有程序"→"附件"→"画图"命令，启动"画图"程序，制作一幅图，单击"文件"→"保存"，选择 User1 文件夹，将文件名修改为 WD2，单击"保存"按钮。按题目要求修改后，选择"文件"→"另存为"命令，选择 UserTemp 文件夹，将文件名修改为 WD3。

（5）右击"UserTest"文件夹，在弹出的快捷菜单中选择"复制"命令；在 D 盘中的空白处右击，在弹出的快捷菜单中选择"粘贴"命令即可。

（6）右击桌面上的"UserTest"文件夹，在弹出的快捷菜单中选择"属性"命令；在弹出的对话框中选中"只读"复选框。

（7）在 User1 文件夹中选择 WD2 文件，按【Delete】键，删除该文件；在 UserTemp 文件夹中选择 WD3 文件，按【Delete】键，删除该文件；在桌面上双击"回收站"图标，进入"回收站"窗口，右键单击 WD3 文件，在弹出的快捷菜单中选择"还原"命令；在桌面上右键单击 UserTest 文件夹，在弹出的快捷菜单中选择"删除"命令。

4．操作提示如下。选择"开始"→"控制面板"命令，打开"控制面板"窗口，双击其中的"显示"图标，弹出"显示属性"对话框，可以在此对话框中对计算机的背景、外观或主题等进行设置。

5．操作提示如下。右击任务栏右端的系统时间，在弹出的快捷菜单中选择"调整日期／时间"选项，弹出"日期和时间"对话框，在此对话框中可以调整系统的日期和时间。

6．操作提示如下。单击任务栏右侧的输入法指示器，弹出输入法列表，从中可以选择所需要的输入法。右击任务栏右侧的输入法指示器，在弹出的快捷菜单中选择"设置"命令，弹出"文本服务和输入语言"对话框；在"已安装的服务"的列表中选中已经安装的输入法，再单击"删除"按钮即可删除此输入法；单击"添加"按钮即可根据提示添加新的输入法。

7．操作提示如下。选择"开始"→"所有程序"→"附件"→"计算器"命令，弹出"计算器"对话框；此时计算器为"标准型"，一般的计算问题都可以得到解决；选择"查看"→"科学型"命令，即可将"标准型"计算器改为"科学型"，以处理较为复杂的数理问题。

习 题 3

一、单项选择题

1．D　　2．C　　3．C　　4．A　　5．B　　6．B　　7．C　　8．C　　9．C
10．A　11．D　12．C　13．A　14．C　15．D　16．A　17．D

二、多项选择题

1．ABCD　　　2．ABCD　　3．ABD　　4．BD　　　　5．ABD

三、填空题

1．.docx　　2．段落标记（换行）　　3．【Ctrl+S】　4．"字数统计"
5．【Ctrl+V】　6．"符号"　7．"文件"　8．【Ctrl】

四、操作题

1．输入文字操作（略）。

2．文档排版的操作提示如下。

（1）该项操作可在"字体"对话框和"边框和底纹"对话框中完成。选中标题文字，单击"开始"选项卡下的"字体"工具组右下角的对话框启动器，弹出"字体"对话框，然后按要求进行设置即可；单击"开始"选项卡下的"段落"工具组中的"下框线"按钮右侧的下拉按钮，在弹出的下拉列表中选择"边框和底纹"选项，在"底纹"选项卡中按要求进行设置即可。

（2）该项操作可在"段落"对话框中完成。将光标置于要设置的段落中或者选择需要设置的段落，单击"开始"选项卡下的"段落"工具组右下角的对话框启动器，弹出"段落"对话框，然后按要求进行设置即可。

（3）选中第 2 段，选择"页面布局"选项卡下的"页面设置"工具组中的"分栏"命令，在出现的下拉列表中选择"更多分栏"选项，在弹出的"分栏"对话框中按照要求设置即可。

（4）选中第 3 段，单击"开始"选项卡下的"段落"工具组中的"下框线"按钮右侧的下拉按钮，在弹出的下拉列表中选择"边框和底纹"选项，在对话框中按照要求设置即可。在"边框"选项卡中设置应用于"段落"。

（5）单击"插入"选项卡下的"页眉和页脚"工具组中的"页眉"按钮，在弹出的下拉列表中选择内置的"空白"样式选择之后输入页眉内容，并设置字体格式即可完成。

（6）该项操作可通过"页面布局"选项卡下的"页面设置"工具组中的"纸张大小"和"页边距"命令完成。

（7）单击"插入"选项卡下的"表格"工具组中的"表格"按钮，在弹出的菜单中选择"插入表格"命令；在"插入表格"对话框中输入 9 行 7 列，单击"确定"按钮即可插入表格，再利用"合并单元格"命令可得到如题中所示的表格，最后输入相应的内容便可完成操作。

习　题　4

一、单项选择题

1．D　2．D　3．A　4．B　5．C　6．B　7．B　8．A　9．D　10．A
11．B　12．D　13．D　14．A　15．B　16．D　17．B　18．D　19．C　20．C

二、多项选择题

1．ABCD　2．ABCD　3．AC　4．ACD　5．ABCD
6．ABD　7．ABC　8．AC　9．ABD　10．AB

三、填空题

1．.xlsx Sheet1　2．【Ctrl】　3．1048576　16384　4．'05613801234
5．左　右　6．数字　文本　日期　时间　函数　公式（任选 4 个即可）

7.【Ctrl+；】 【Ctrl+Shift+；】 8. 相对引用 绝对引用 混合引用

9. 排序 10. 柱形图 折线图 饼图

四、操作题

1. 操作提示如下。

（1）输入本班同学上学期的各科成绩。

（2）利用 Sum()函数求出每位同学的总分。

（3）利用"排序"命令，将"主要关键字"设置为"总分"，排序方式设置为降序。

（4）排在表格前面几行的同学就是排名靠前的同学，使用"条件格式"将前 5 名同学的成绩突出显示。

2. 操作提示如下。

（1）输入图 4-1 中的数据。

（2）利用 Average()函数求 4 种水果水分的平均含量，然后利用填充柄进行填充，从而求出脂肪、蛋白质、碳水化合物与热量的平均含量。

（3）按【Ctrl】键，选择 A2:E2 和 A4:E4 单元格区域，插入"分离型三维饼图"。

3. 操作提示如下。

（1）双击 Sheet1 工作表标签，将其更名为"产品销售表"。

（2）双击 D2 单元格，在其中输入"="，单击 B2 单元格，输入"*"，再单击 C2 单元格，按【Enter】键或单击编辑栏左侧的✓按钮即可得到结果。D2 单元格中的内容在编辑栏中显示为公式"＝B2*C2"，即表示：合计=单价*数量。利用填充柄填充 D3～D6 单元格，从而求出纯净水、牙刷、火腿肠与牙膏的"合计"数值。

（3）单击 C8 单元格，选择"开始"选项卡下的"对齐方式"工具组右下角的对话框启动器，在弹出的对话框中的"对齐"选项卡下，设置"文本控制"方式为"自动换行"。

（4）单击 D8 单元格，插入 SUMIF()函数。SUMIF()函数有 3 个参数：Range 表示要进行计算的单元格区域；Criteria 表示以数字、表达式或文本形式定义的条件；Sum_range 表示用于求和计算的实际单元格，如果省略，将使用区域中的单元格。根据题目要求，在 3 个参数的文本框中分别输入"C2:C6""＞=400""D2:D6"。最后单击"确定"按钮即可完成计算。

（5）选择 A1:D8 单元格区域，在"设置单元格格式"对话框中的"对齐"选项卡下设置"文本对齐方式"为水平居中对齐和垂直居中对齐。

（6）选择 A1:D6 单元格区域，在"排序"对话框中，将"主要关键字"设置为"合计"，"次序"设置为"降序"。

（7）选择 A1:A6 单元格区域，按住【Ctrl】键，再选择 D1:D6 单元格区域，插入图表；在图表工具的"设计"选项卡下的"图表布局"工具组中选择某一带标题的布局，再将标题修改为"销售图"即可。

4. 操作提示如下。

（1）双击 A1 单元格，输入"产品销售明细"。

（2）选择 A1:E1 单元格区域，设置对齐方式、字体等。

（3）选择 D3:D11 单元格区域，在设置"单元格格式"对话框中的"数字"选项卡下设置数字格式。

（4）选择 A2:E11 单元格区域，在"设置单元格格式"对话框中的"边框"选项卡下设置双实线外边框、单实线内部边框。

（5）单击 D3 单元格，插入 IF()函数。IF()条件函数有 3 个参数：Logical_test 表示任何可能被计算为 TRUE 或 FALSE 的数值或表达式；Value_if_true 是 Logical_test 为 TRUE 时的返回值；Value_if_false 是 Logical_test 为 FALSE 时的返回值，如果忽略，则返回 FALSE。根据题目要求，在 3 个参数的文本框中分别输入"B3>1000""5%""0"。最后单击"确定"按钮即可得出 D3 单元格的计算结果，然后再利用填充柄填充其他产品的折扣。

（6）双击 E3 单元格，输入公式"=B3*C3*(1－D3)"，按【Enter】键即可得出计算结果。利用填充柄填充其他产品对应的金额。

（7）选择 A2:E11 单元格区域，在"排序"对话框中，将"主要关键字"设置为"数量"，"次序"设置为"降序"。

（8）选择 A2:A11 单元格区域，按住【Ctrl】键，再选择 E2:E11 单元格区域，插入图表；在图表工具的"设计"选项卡下的"图表布局"工具组中选择某一带标题与图例的布局，再将标题修改为"销售记录"，在图例上右击，在弹出的快捷菜单中选择"设置图例格式"选项，在弹出的"设置图例格式"对话框中的"图例选项"选项卡下，设置"图例位置"为右上。

习 题 5

一、单项选择题

1. D　　2. C　　3. B　　4. B　　5. A　　6. D　　7. C　　8. A　　9. B　　10. A

二、填空题

1. 选定要删除的幻灯片，然后按【Delete】键。（或者右击要删除的幻灯片，然后在快捷菜单中选择"删除幻灯片"命令。）

2. 隐藏

3. "项目符号"工具

4. "开始"

5. 【Shift】

6. "页眉和页脚"

7. 移动幻灯片

8. SmartArt 图形

9. 动画设置

10. 打包

习 题 6

一、单项选择题

1. B　2. D　3. A　4. C　5. C　6. C　7. D　8. B　9. C　10. C

11. D　12. A　13. B　14. A　15. C　16. D　17. C　18. D　19. A　20. A

二、填空题

1. 调制　2. 网桥　3. 星形和总线型　4. 网络操作系统　5. TCP/IP

6. LAN　7. 资源共享 8. 协议　9. 资源　通信　10. 24

三、简答题

1. 计算机网络是将分布在不同地理位置的具有独立功能的多台计算机及其外部设备，通过通信线路和通信设备连接起来，以实现信息传递和资源共享的计算机系统。

按照逻辑功能，计算机网络由资源子网和通信子网两部分组成。资源子网负责全网的数据处理业务，向网络用户提供网络资源与网络服务；通信子网负责网络数据传输、转发等通信处理任务。

2. OSI 参考模型分为 7 层，分别是物理层、数据链路层、网络层、传输层、会话层、表示层和应用层。各层的主要功能如下。

（1）物理层。

物理层主要讨论在通信线路上比特流的传输问题。这一层描述传输介质的电气、机械、功能和过程的特性。

（2）数据链路层。

数据链路层主要讨论在数据链路上帧流的传输问题。这一层的目的是保障在相邻的站与节点或节点与节点之间正确、有次序、有节奏地传输数据帧。

（3）网络层。

网络层主要处理分组在网络中的传输问题。这一层的功能是：路由选择，数据交换，网络连接的建立和终止，一个给定的数据链路上网络连接的复用，根据从数据链路层来的错误报告进行错误检测和恢复，分组的排序，信息流的控制等。

（4）传输层。

传输层是第1个端到端的层次，也就是计算机—计算机的层次，这一层的功能是：把传输层的地址变换为网络层的地址、传输连接的建立和终止、在网络连接上对传输连接进行多路复用、端—端的次序控制、信息流控制、错误的检测和恢复等。

（5）会话层。

会话层是指用户与用户之间的连接，它通过在两台计算机间建立、管理和终止通信来完成对话。会话层的主要功能是：在建立会话时核实双方身份是否有权参加会话；确定由哪一方支付通信费用；双方在功能选择方面（如全双工还是半双工通信）取得一致；在会话建立以后，需要对会话进程进行管理与控制。

（6）表示层。

表示层主要处理应用实体间交换数据方面的语法问题，其目的是消除格式和数据表示的差别，为应用层提供一个一致的数据格式，如文本压缩、数据加密、字符编码的转换等方面的数据格式，从而使字符、格式等不同的设备之间可以相互通信。

（7）应用层。

应用层与提供网络服务相关，这些服务包括文件传送服务、打印服务、数据库服务、电子邮件的发送与接收服务等。应用层提供了一个应用网络通信的接口。

3. 典型的网络拓扑结构有6种。

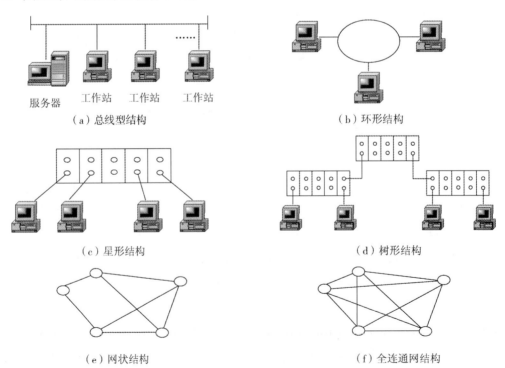

（a）总线型结构　　　　　　　　　　　　（b）环形结构

（c）星形结构　　　　　　　　　　　　（d）树形结构

（e）网状结构　　　　　　　　　　　　（f）全连通网结构

（1）总线型结构通常采用广播式信道，即网上的一个节点（主机）发出信号时，其他节点均能接收到该信息。

（2）环形结构采用点到点通信方式，即一个网络节点将信号沿一定方向传送到下一个网络节点，在环内依次高速传输。

（3）星形结构中有一个中心节点（集线器 HUB），负责数据交换和网络控制。这种结构易于实现故障隔离和定位，但它也存在问题：一旦中心节点出现故障，将导致网络失效。

（4）树形结构像树一样从顶部开始向下逐步分层、分叉，有时也称其为层形结构。在这种结构中负责网络控制的节点常处于树的顶点，在树枝上很容易增加节点、扩大网络，但它同样存在与星形结构类似的问题。

（5）网状结构的特点是节点的用户数据可以通过多条线路传输，网络的可靠性高，但网络结构、协议复杂。

（6）全连通结构的特点是各节点通过传输线互联连接起来，并且每一个节点要与其他节点相连，该结构具有较高的可靠性，但其结构复杂，实现起来费用较高，不易管理和维护，不常用于局域网。

4.（1）双绞线。

双绞线由两根具有绝缘保护层的铜导线相互缠绕而成，将一对或多对双绞线放置在一个保护套里便组成了双绞线电缆。双绞线既可用于传输模拟信号，又可用于传输数字信号。双绞线可分为非屏蔽双绞线和屏蔽双绞线，适合于短距离通信。非屏蔽双绞线价格便宜，但传输速度偏低，抗干扰能力较差；屏蔽双绞线抗干扰能力较好，具有更高的传输速度，但价格相对较贵。双绞线需用 RJ-45 或 RJ-11 接口插接。

（2）同轴电缆。

同轴电缆由绕在同一轴心上的两个导体组成，具有抗干扰能力强、连接简单等特点；其信息传输速度可达 1～2Gbit/s，是中、高档局域网的首选传输介质。

同轴电缆分为基带同轴电缆和宽带同轴电缆两种。基带同轴电缆适用于数字信号的传输；宽带同轴电缆适用于模拟信号的传输。在需要传送图像、声音、数字等多种信息的局域网中，应用宽带同轴电缆，同轴电缆需用带 BNC 的 T 型连接器连接。

（3）光纤。

光纤是光导纤维的简称，由纤芯、玻璃网层和能吸收光线的外壳组成，具有不受外界电磁场的影响、无限制的带宽等特点；其数据传送速度可达 10Gbit/s 以上；尺寸小、重量轻，数据可传送几百千米，但价格昂贵。光纤需用 ST 型连接器连接。

5.（1）网卡。

网卡是应用最广泛的一种网络设备，网卡的全称为网络接口卡，它是连接计算机与网络的硬件设备，是局域网最基本的组成部分之一。网卡主要处理网络传输介质上的信号，并在网络媒介和计算机之间交换数据，向网络发送数据、控制数据、接收并转换数据。它有两个主要功能：一是读入由网络设备传输过来的数据包，经过拆包，将它变为计算机可以识别的数据，并将数据传输到所需的设备中；二是将计算机发送的数据打包后传输至其他网络设备。

（2）调制解调器。

调制解调器是一种信号转换装置，可使计算机通过电话线路连接上网，并实现数字信号和模拟信号之间的转换。调制是指将计算机的数字信号转换成模拟信号输送出去，解调则是将接收到的模拟信号还原成数字信号并将其交于计算机存储或处理。

（3）中继器。

中继器是互联网中的连接设备，它的作用是将收到的信号放大后输出，既实现了计算机之间的连接，又增加了媒介的有效长度。它在 OSI 参考模型的最低层（物理层）工作，因此只能用来连接具有相同物理层协议的局域网。

（4）集线器。

集线器的主要功能是对接收到的信号进行再生整形放大，以扩大网络的传输距离，同时把所有节点集中在以它为中心的节点上。它于 OSI 参考模型的第 2 层（数据链路层）工作。

（5）交换机。

交换机是一种在 OSI 参考模型的数据链路层实现局域网互联的设备，用来将两个相同类型的局域网连接在一起，有选择地将信号从一段媒介传向另一段媒介。它在两个局域网之间对数据链路层的帧进行接收、存储与转发。交换机将两个物理网络（段）连接成一个逻辑网络，从而使这个逻辑网络的行为就像一个单独的物理网络一样。

（6）路由器。

路由器处于 OSI 参考模型的网络层，具有智能化管理网络的能力，是互联网中重要的连接设备，用来连接多个在逻辑上分开的网络。用它互联的两个网络或子网，可以是相同类型，也可以是不同类型。路由器能在复杂的网络中自动选择路径、自动存储与转发信息，具有比网桥更强大的处理能力。

6.（1）利用 Modem 接入 Internet。

（2）通过局域网接入 Internet。

（3）利用 ADSL 接入 Internet。

7. 电子邮件程序向邮件服务器发送邮件时，使用的是简单邮件传输协议，即 SMTP。电子邮件程序从邮件服务器中读取邮件时，可以使用邮局协议版本 3，即 POP3，也可以使用交互式邮件存取协议，即 IMAP，这取决于邮件服务器支持的协议类型。

8. 打开"我的电脑"，在资源管理器的地址栏中输入 FTP 服务器的地址，如果 FTP 服务器需要用户名才能连接，请输入想要使用的用户名。否则，请勾选"匿名登录"复选框。如果正尝试连接有密码保护的 FTP 服务器，会在首次连接时被要求输入用户密码。输入正确的密码，否则将无法连接到服务器。连接到 FTP 后，如果要上传文件，在本地电脑上找到需要上传的文件，将其拖曳到 FTP 服务器上的文件夹中即可；如果要下载文件，在 FTP 服务器上找到需要下载的文件，将其拖曳到本地电脑上的文件夹中即可。

习　题　7

一、单项选择题

1．A　　2．C　　3．A　　4．A　　5．B　　6．A　　7．B

8．D　　9．D　　10．C　　11．D　　12．C　　13．C

二、填空题

1．黑客

2．功能　　保证

3．数据加密技术　　入侵检测　　数字签名　　防火墙技术

4．对称加密算法　　非对称加密算法

5．防火墙

6．非授权可执行性　　传染性　　不可预见性

三、简答题

1．（1）信息安全的产生。

互联网是一个开放式的网络，不属于任何组织或国家，任何组织或个人都可以无拘无束地上网；整个网络处于半透明的运行状态，完全依靠用户的自觉维护，它的发展几乎是在无组织的自由状态下进行的。到目前为止，在世界范围内还没有一个完善的法律和管理体系对互联网的发展加以规范和引导。因此，它是一个无主管的自由领域，容易受到攻击。

互联网自身的结构也决定了其必然具有脆弱的一面。当初构建计算机网络的目的是将信息通过网络从一台计算机传到另一台计算机上，而信息在传输过程中要经过多个网络设备，而这些网络设备都能不同程度地截获信息。因此，互联网本身松散的结构就加大了对它进行有效管理的难度。

从计算机技术的角度来看，互联网是软件与硬件的结合体。而从目前的互联网的应用情况来看，存在一些自行开发的应用软件，这些软件由于自身不完备或开发不成熟，在运行中很可能导致网络服务不正常或造成网络瘫痪。互联网还有较为复杂的设备和协议，一个复杂的系统没有缺陷和漏洞是不可能的。同时，互联网的地域分布情况使安全管理难以顾及的各个节点，因此没有人能保证互联网是绝对安全的。

（2）信息安全的目标。

信息安全的目标是保护信息的机密性、完整性、抗否认性和可用性。

机密性是指保证信息不被非授权用户访问，即使非授权用户得到信息，也无法知晓信息的内容。通常通过访问控制禁止非授权用户获得机密信息，通过加密变换阻止非授权用户获知信息内容。

完整性是指保护信息的一致性，即信息在生成、传输、存储和使用过程中不应遭受人为或非人为的非授权篡改。一般通过访问控制阻止篡改行为，通过消息摘要算法来检查信息是否被篡改。

抗否认性是指确保用户无法在事后否认曾经对信息进行的生成、签发、接收等行为，是针对通信各方信息的真实性和同一性的安全要求。一般通过数字签名来保证抗否认性。

可用性是指保障信息资源随时可提供服务的特性，即授权用户根据需要可以随时获取所需要的信息。同时，可用性还是信息资源服务功能和性能可靠性的度量，涉及物理、网络、系统、数据、应用和用户等多方面的因素，是对信息网络总体可靠性的要求。

2. 计算机犯罪的概念大致可分为狭义说、广义说和折中说3类。

（1）狭义说。

狭义说从涉及计算机的所有犯罪行为缩小到利用计算机侵害单一权益（如财产权、个人隐私权、计算机资产本身或计算机内存数据等）的犯罪行为来界定概念。

（2）广义说。

广义说是根据对计算机与计算机之间的关系的认识来界定计算机犯罪，因此也被称为关系说，较为典型的有相关说和滥用说。相关说认为计算机犯罪是行为人主观或客观实施的涉及计算机的犯罪行为；滥用说认为计算机犯罪是指在使用计算机的过程中任何不当的行为。

（3）折中说。

折中说认为计算机本身是犯罪工具或犯罪对象。在理论界，折中说主要分为两大派别，即功能性计算机犯罪定义和法定性计算机犯罪定义。功能性计算机犯罪定义仅仅以严重的社会危害性为依据来界定概念的，而法定性计算机犯罪定义是根据法律法规的规定来界定概念的。

根据目前占主流的折中说来对计算机犯罪下定义：计算机犯罪是指将计算机作为犯罪工具或犯罪对象的犯罪活动。

3. 黑客攻击的主要方法有以下几种。

（1）获取口令。

获取口令的方法一般有3种。

① 攻击者可以通过网络监听非法获得用户口令。这种方法虽然有一定的局限性，但其危害极大。攻击者可能获得该网段所有用户的账号和口令，这对局域网安全的威胁巨大。

② 攻击者在已知用户账号的情况下，可以利用专用软件来强行破解用户口令，这种方法不受网段的限制，但需要足够的耐心和时间。

③ 攻击者在获得一个服务器上的用户口令文件后，可以利用暴力破解程序破解用户口令，该方法的危害最大。

（2）放置特洛伊木马程序。

特洛伊木马程序是一种远程控制程序，用户一旦打开或执行带有特洛伊木马程序的文件，该木马程序就会驻留在计算机中，并且会在计算机启动时悄悄运行。如果被种有特洛伊木马程序的计算机连接到互联网上，该木马程序就会通知攻击者，并将用户的 IP 地址及预先设定的端口信息发送给攻击者，使其可以修改用户计算机的设置、窥视硬盘中的内容等。

（3）WWW 的欺骗技术。

WWW 的欺骗技术是指攻击者对某些网页信息进行篡改，比如，将网页的 URL 改写为指向攻击者的服务器，当用户浏览目标网页时，实际上是向攻击者的服务器发出请求，因此，攻击者便达到了欺骗的目的。此时，攻击者可以监控用户的任何活动，包括账户和口令。

（4）电子邮件攻击。

电子邮件攻击主要有两种方式：一种是电子邮件炸弹，是指攻击者用伪造的 IP 地址和电子邮件地址向同一信箱发送大量内容相同的垃圾邮件，致使用户邮箱被"炸"；另一种是电子邮件欺骗，是指攻击者佯称自己是系统管理员，给用户发送邮件，要求用户修改口令或在看起来正常的附件中添加病毒、木马程序等。

（5）网络监听。

网络监听是主机的一种工作模式，在这种模式下，主机可以接收本网段同一条物理通道上传输的所有信息。因此，如果在该网段上的两台主机之间传输的信息没有加密，只要使用某些网络监听工具（如 NetXray、Sniffer 等），就可以轻而易举地截取包括用户账号和口令在内的信息资料。虽然网络监听有一定的局限性，但监听者往往能够获得其所在网段所有用户的账号和口令。

（6）寻找系统漏洞。

许多系统都存在安全漏洞，其中有些是操作系统或应用软件本身带有的漏洞，还有一些漏洞是由系统管理员配置错误引起的。无论哪种漏洞，都会给攻击者带来可乘之机，应及时加以修正。

4．（1）计算机病毒的定义。

计算机病毒实际上是一种计算机程序，是一段可执行的指令代码。和生物病毒一样，计算机病毒有独特的复制功能，能够很快地蔓延，又难以根除。《中华人民共和国计算机信息系统安全保护条例》对计算机病毒进行了明确的定义：计算机病毒，是指编制或者在计算机程序中插入的破坏计算机功能或者毁坏数据，影响计算机使用，并能自我复制的一组计算机指令或者程序代码。

（2）计算机病毒的特性。

① 传染性。

传染性是计算机病毒的基本特性。计算机病毒能通过各种渠道由一个程序传染到另一个程序，从一台计算机传染到另一台计算机，从一个网络传染到其他网络，从而使计算机工作失常甚至瘫痪。同时，被传染的程序、计算机系统或网络系统又会成为新的传染源。

② 破坏性。

计算机病毒的破坏性主要体现在两个方面：一是占用系统的时间、空间等资源，降低计算机系统的工作效率；二是破坏或删除程序或数据文件，干扰计算机系统的运行，甚至导致整个系统瘫痪。

③ 潜伏性。

大部分病毒进入系统之后一般不会立即发作，它可以长期隐藏在系统中，并传染给其他程序或系统。这些病毒发作前在系统中没有任何表现，不影响系统的正常运行；而一旦时机成熟就会发作，并给计算机系统带来不良影响，甚至危害。

④ 隐蔽性。

病毒一般是具有很高的编程技巧的程序。如果不经过代码分析，是不容易区分感染了病毒的程序与正常程序的。计算机病毒的隐蔽性主要体现在两个方面：一是传染的隐蔽性，大多数病毒在传染时的速度是极快的，不易被人发现；二是病毒程序位置的隐蔽性，一般的病毒程序都隐藏在正常程序中或磁盘中较隐蔽的地方，也有个别的病毒程序以隐含文件形式出现，目的是不让用户发现它的存在。

此外，计算机病毒还具有可执行性、可触发性、寄生性、针对性和不可预见性等特性。

（3）计算机病毒的分类。

目前计算机病毒的种类已达数万余种，而且每天都有新的病毒出现，因此计算机病毒的种类会越来越多。计算机病毒的分类方法较多，通常按破坏性或寄生方式和传染对象分类。

① 按破坏性分类。

计算机病毒按破坏性分为良性病毒和恶性病毒两种。

良性病毒对计算机系统内的程序和数据一般没有破坏作用，只是占用CPU和内存资源，降低系统的运行速度。病毒发作时，通常表现为显示信息、奏乐、发出声响或出现干扰图形和文字等，且能够自我复制，干扰系统的正常运行。这种病毒只要清除了，系统就可恢复正常工作。

恶性病毒对计算机系统具有较强的破坏性。病毒发作时，会破坏系统的程序或数据，删改系统文件，格式化硬盘，使用户无法打印文件，甚至中止系统运行等。由于这种病毒的破坏性较强，有时即使清除病毒，系统也难以恢复。

② 按寄生方式和传染对象分类。

计算机病毒按寄生方式和传染对象分为引导型病毒、文件型病毒、混合型病毒及宏病毒4种。

引导型病毒主要感染软盘上的引导扇区和硬盘上的主引导扇区。计算机感染引导型病毒后，病毒程序会占据引导模块的位置并获得控制权，将真正的引导区内容转移或替换，待病毒程序执行后，再将控制权交给真正的引导区内容，执行系统引导程序。此时，系统看似正常运转，实际上病毒已隐藏在系统中伺机传染、发作。引导型病毒几乎都常驻内存。

文件型病毒是一种专门感染文件的病毒，主要感染文件扩展名为".COM"".EXE"等的可执行文件。该病毒寄生于可执行文件中，必须借助于可执行文件才能进入内存，并常驻内存。大多数文件型病毒都会把它们的程序代码复制到可执行文件的开头或结尾处，使可执行文件的长度变长。病毒发作时，会占用大量CPU时间和存储器空间，使被感染的可执行程序的执行速度变慢；有的文件型病毒会直接改写被感染文件的程序代码，此时被感染文件的长度保持不变，但其功能会受到影响，甚至无法执行。

混合型病毒综合了引导型病毒和文件型病毒的特性，既能感染引导扇区又能感染文件，因此增加了传染途径。不管以哪种方式传染，混合型病毒都会在开机或执行程序时感染其他磁盘或文件，它的危害比引导型病毒和文件型病毒更为严重。

宏病毒是一种寄生于文档或模板宏中的计算机病毒，它的感染对象主要是Office组件或类似的应用软件。一旦打开感染宏病毒的文档，宏病毒就会被激活，它会进入计算机内存并驻留在Normal模板上。此后所有自动保存的文档都会感染上这种宏病毒，如果其他用户打开了感染宏病毒的文档，宏病毒就会传染到该用户的计算机上。宏病毒的传染途径很多，如电子邮件、磁盘、网页下载、文件传输等。

5.（1）计算机病毒的检测。

计算机病毒的检测是指通过一定的技术手段检测出计算机病毒。检测计算机病毒通常采用人工检测和自动检测两种方法。

人工检测是指通过一些软件工具（如PCTOOLS.EXE等）来检测病毒。这种方法比较复杂，需要用户有一定的软件分析经验，并对操作系统有较深入的了解，而且费时费力，但可以检测未知病毒。

自动检测是指通过一些查杀病毒软件来检测病毒。自动检测相对比较简单，一般用户都可以操作，但因查杀病毒软件总是滞后于病毒的发展，所以这种方法只能检测已知病毒。

实际上，自动检测是在人工检测的基础上将人工检测方法程序化而得到的，因此人工检测是最基本的方法。

（2）计算机病毒的清除。

一旦检测到计算机病毒就应该立即将其清除掉，清除计算机病毒时通常采用人工处理和杀毒软件两种方式。

　　人工处理方式一般包括如下几种方法：用正常的文件覆盖被病毒感染的文件，删除被病毒感染的文件，对被病毒感染的磁盘进行格式化操作等。

　　使用杀毒软件清除病毒是目前最常用的方法，常用的杀毒软件有瑞星杀毒软件、江民杀毒软件、金山毒霸和诺顿杀毒软件等。但目前还没有一个"万能"的杀毒软件，各种杀毒软件都有其独特的功能，所能处理的病毒的种类也不尽相同。因此，比较理想的清除病毒的方法是综合应用多种正版杀毒软件，并且及时更新杀毒软件的版本。若无法清除某些病毒的变种，则应使用专门的杀毒软件（专杀工具）来清除。

　　6.（1）防火墙的定义。

　　防火墙是用户的计算机与互联网之间的一道安全屏障，把用户与外部网络隔开。用户可通过设定规则来决定防火墙应该在哪些情况下隔断计算机与互联网之间的数据传输，在哪些情况下允许两者之间进行数据传输。

　　（2）防火墙的功能。

　　① 限制未授权的用户进入内部网络，过滤掉不安全服务和非法用户。

　　② 具有防止入侵者接近内部网络的防御设施，可对网络攻击进行检测和告警。

　　③ 限制内部网络用户访问特殊站点。

　　④ 记录所有经过防火墙的信息内容和活动，为保证网络安全提供方便。

　　（3）防火墙的特性。

　　① 内部网络和外部网络之间的所有网络数据流都必须经过防火墙。

　　② 只有符合防火墙安全策略的数据流才能通过防火墙。

　　③ 防火墙自身具有非常强的抗攻击力。

　　7. 病毒防火墙实际上应该被称为"病毒实时检测和清除系统"，是杀毒软件的一种工作模式。病毒防火墙在运行时，会把病毒监控程序留在内存中，所随时检查系统中是否有病毒存在的迹象，一旦发现携带病毒的文件，就马上激活杀毒功能。

　　网络防火墙对可访问网络的应用程序进行监控。利用网络防火墙可以有效地管理用户系统的网络应用程序，同时保护系统不被各种非法的网络攻击所伤害。

　　由此可以看出，病毒防火墙不是对进出网络的病毒等进行监控，它是杀毒软件的一种工作模式，主要功能是查杀本地计算机上的病毒，对所有的系统应用程序进行监控，由此来保障用户系统的"无毒"环境。而网络防火墙不会监控全部的系统应用程序，其主要功能是预防黑客入侵、防止木马盗取机密信息等。两者具有不同的功能，建议在安装杀毒软件的同时安装网络防火墙。

　　8. 按照防火墙对内外来往数据的处理方法与技术，可以将防火墙分为两大类：包过滤防火墙和代理防火墙。

　　（1）包过滤防火墙。

　　包过滤防火墙是指依据系统内置的过滤逻辑（访问控制表），在网络层和传输层选择数据包，并检查数据流中的每个数据包，然后根据数据包的源地址和目的地址、源端口和目的端口等包头信息来确定是否允许数据包通过。

（2）代理防火墙。

代理防火墙又被称为代理服务器，是指代表内部网络用户向外部网络服务器请求连接的服务程序，是针对包过滤防火墙技术存在的缺点而引入的防火墙技术。代理服务器运行在两个网络之间，它对于内部网络的客户机来说像是一台服务器，而对于外部网络的服务器来说，又像是一台客户机，因此，代理服务器在内、外部网络之间起到了转接和隔离的作用。

习 题 8

一、单项选择题

1．B 　 2．A 　 3．B 　 4．C 　 5．C 　 6．D 　 7．E
8．E 　 9．D 　 10．B 　 11．E 　 12．E 　 13．E

二、填空题

1．问题求解的能力 　寻求解决问题的思路 　分析比较不同的方案 　验证方案
2．既要充分利用计算机的计算和存储能力，又不能超出计算机的能力范围
3．问题求解、系统设计以及人类行为理解
4．概念化 　是根本的 　是人的思维 　是思想 　是数学与工程思维的互补与融合 　面向所有的人，所有的地方
5．计算 　自动化

三、简答题

1．计算思维是运用计算机科学的基础概念进行问题求解、系统设计以及人类行为理解等涵盖计算机科学之广度的一系列思维活动。

计算思维与实证思维和逻辑思维的区别如下。

（1）计算思维通过约简、嵌入、转化和仿真等方法，把一个看起来无法解决的问题重新阐释成一个人们知道如何解决的问题。

（2）计算思维是一种递归思维，是一种并行处理，是一种能把代码译成数据又能把数据译成代码的多维分析推广的类型检查方法。

（3）计算思维是一种采用抽象和分解的方法来控制庞杂的任务或进行巨型复杂系统的设计的方法，是基于关注点分离的方法。

（4）计算思维是一种选择合适的方式去陈述一个问题，或针对一个问题的相关方面建模使其易于处理的思维方法。

（5）计算思维是按照预防、保护及通过冗余、容错、纠错的方式，并从最坏情况进行系统恢复的一种思维方式。

（6）计算思维利用启发式推理方式寻求解答，即在不确定的情况下的规划、学习和调度的思维方法。

（7）计算思维是一种利用海量数据来加快计算，在时间和空间之间、在处理能力和存储容量之间寻找平衡点的思维方法。

2. 计算思维能力可以定义为：面对一个新问题时，运用所有资源将其解决的能力。计算思维能力的核心是问题求解的能力，即发现问题、寻求解决问题的思路、分析比较不同的方案、验证方案。

计算思维能力的培养不等同于程序设计或编程能力的培养。从国际上的经验来看，可以通过多学科整合和不同教育阶段共同关注，将计算思维融入学生学习知识和解决问题的过程，从而达到培养学生计算思维能力的目的。培养计算思维能力方法包括以下两个方面。

（1）深入掌握利用计算机解决问题的思路，用好计算机。

（2）把利用计算机处理问题的方法应用于各个领域，使各个领域更好地与信息技术相结合。

3. 科学方法是人类所有认识方法中一种比较复杂的方法。它具有以下特点。

（1）鲜明的主体性：科学方法体现了认识主体的主动性、认识主体的创造性以及明显的目的性。

（2）充分的合乎规律性：科学方法是以理论和规律为主体的科学知识程序化。

（3）高度的保真性：科学方法通过观察和实验以及它们与数学方法的有机结合来对研究对象进行量的考察，以保证所获得的实验事实的客观性和可靠性。

科学方法的基本步骤如下。

（1）观察。用感觉器官去注意自然现象或实验中的种种变化，并将其记录下来。涉及的活动包括：眼看，鼻嗅，耳闻和手的触摸。

（2）假说。对观察所得的现象加以解释。

（3）预测。根据假说预测可能出现的现象。

（4）确认。通过进一步的观察和实验去证实预测的结果。

4.（1）缓冲。

假如我们将学生用的教材视为数据，而将课堂教学视为对数据的处理，那么学生每天背的书包就可以看作是缓冲存储。学生不可能每天随身携带所有的教材，因此每天只能把当天要用的教材放入书包，第2天再用新的教材替换前1天的教材。

（2）算法过程。

日常生活中使用的菜谱将烹饪方法一步一步地罗列出来，即使不是专业厨师，照着菜谱上的步骤也能做出可口的菜肴。由此，菜谱可以看作是一个算法（指令或程序）。而菜谱上的每个步骤必须足够简单、可行，这样才方便人们模仿。例如"将土豆切成块状""将1两油入锅加热"等都是可行的步骤，而"使菜看具有奇特香味"这类步骤则是不可行的。

（3）模块化。

很多菜谱中都有"勾芡"这个步骤，与其说这是一个基本步骤，不如说这是一个模块，因为"勾芡"步骤本身代表着一个操作序列：取一些淀粉，加点水，搅拌均匀，在适当的时候将其倒入锅中。由于经常使用这个操作序列，为了避免重复，也为了使菜谱结构清晰、易读，所以用"勾芡"这个词简明地表示这个操作序列。这个例子同时也反映了在不同层次进行抽象提炼的思想。

习 题 9

一、单项选择题

1．C　　2．D　　3．A　　4．C　　5．B　　6．C　　7．B

二、填空题

1．知识和智力

2．有监督的分类　　无监督的分类

3．智能计算机程序系统

4．思维过程　　智能行为

5．数据结构

三、简答题

1．人工智能的应用领域包括自动定理证明、博弈、模式识别、机器视觉、自然语言理解、智能信息检索、自动程序设计、机器人、专家系统、机器学习、人工神经网络、智能控制、分布式人工智能与多智能体、智能仿真、智能CAD、智能CAI、智能管理与智能决策、智能多媒体系统、智能计算机系统、智能操作系统、智能网络系统、智能通信、人工生命等。

2．人工神经网络是由大量处理单元（即神经元）互连而成的网络，也常简称为神经网络或类神经网络。人工神经网络是一种由大量的节点（或称神经元）相互连接而构成的运算模型，是对人脑或自然神经网络的一些基本特性的模拟，其目的在于模拟大脑的某些机理与机制，从而实现某些方面的功能。通俗地讲，人工神经网络是仿真研究生物神经网络的结果。详细地说，人工神经网络是为获得某个特定问题的解，根据所掌握的生物神经网络机理，按照控制工程的思路及数学描述方法，建立相应的数学模型并采用适当的算法，而有针对性地确定数学模型参数的技术。

3．（1）逻辑思维：以推理和演绎为特征，以数学学科为代表，基本构建了现代逻辑学的体系；（2）实证思维：以观察和总结自然规律（包括人类社会活动）为特征，以物理学科为代表；（3）计算思维：以设计和构造为特征，以计算机学科为代表，计算思维是运用计算机科学的基础概念来进行问题求解、系统设计和人类行为理解，涵盖了计算机科学之广度的一系列思维活动。

4. 机器学习专门研究计算机怎样模拟或实现人类的学习行为，以获取新的知识或技能，重新构建已有的知识结构从而使之不断改善自身的性能。它是人工智能的核心，是使计算机具有智能的根本途径，其应用遍及人工智能的各个领域。机器学习的研究是根据生理学、认知科学等对人类学习机理的了解，建立人类学习过程的计算模型或认识模型，发展各种学习理论和学习方法，研究通用的学习算法并进行理论分析，从而建立面向任务的具有特定功能的学习系统。

第 3 部分

附　录

附录A　全国高等学校（安徽考区）计算机水平考试《计算机应用基础》教学（考试）大纲

一、课程基本情况

课程名称：计算机应用基础

课程代号：111

参考学时：48～64 学时（理论 24～32 学时，实验 24～32 学时）

考试安排：每年两次考试，一般安排在学期期末

考试方式：机试

考试时间：90 分钟

考试总分：100 分

机试环境：Windows 7+Office 2010

设置目的：

随着信息技术的快速发展，信息技术成为社会经济发展重要动力之一。掌握和使用计算机已成为人们日常工作和生活的基本技能。《计算机应用基础》作为高等院校计算机系列课程中的第一门必修公共基础课程，学习该课程的主要目的是使学生掌握计算机基础知识、基本操作技能及基本软件的应用，培养学生具备使用计算机及计算思维处理实际问题的能力，为后续课程的学习及应用奠定基础。

二、课程内容与考核目标

第 1 章　计算机基础知识

（一）课程内容

信息技术基本概念，计算机基本概念，计算机系统组成及工作原

理，计算机应用，计算机中信息的表示与存储，多媒体技术，数据库基本概念，计算机新技术。

（二）考核知识点

计算机的发展简史，冯·诺依曼结构的工作原理，计算机信息编码、数制及其转换，计算机硬件系统，计算机系统软件、应用软件，计算机应用，音频、图像、视频文件及有关多媒体技术，数据库、关系数据库，计算思维、人工智能、大数据、云计算、物联网、移动互联网、虚拟现实。

（三）考核目标

了解：信息技术基本概念，计算机发展简史，计算机的特征、分类、性能指标、应用，音频、图像、视频文件及有关多媒体处理技术，数据库、关系数据库等基本概念，计算思维、人工智能、大数据、云计算、物联网、移动互联网、虚拟现实等基本概念。

理解：计算机软件系统（系统软件、应用软件、程序设计语言）。

掌握：信息表示，数制及其转换，字符的表示（ASCII 码及汉字编码），计算机系统的硬件组成及各部分功能，微型计算机系统。

应用：中英文录入。

（四）实践环节

1. 类型

验证。

2. 目的与要求

掌握计算机键盘、鼠标使用，熟练规范地应用键盘进行中、英文录入。

第 2 章　Windows 操作系统

（一）课程内容

操作系统基本概念，Windows 基础知识，Windows 基本操作，文件管理，Windows 管理与控制。

（二）考核知识点

操作系统的定义、功能、分类及常用操作系统，Windows 的桌面、开始菜单、任务栏、窗口、对话框和控件、快捷方式、剪贴板、回收站，文件、文件夹的概念及基本操作，Windows 管理和系统配置。

（三）考核目标

了解：操作系统、文件、文件夹等有关概念，Windows 操作系统的特点，附件。

理解：剪贴板、窗口、对话框和控件、快捷方式的作用，回收站及其应用。

掌握：开始菜单的使用，文件管理，控制面板的使用。

应用：Windows 系统的软硬件管理，利用控制面板添加硬件、添加或删除程序、进行系统配置等。

（四）实践环节

1．类型

验证。

2．目的与要求

掌握文件及文件夹的基本操作，正确使用控制面板进行个性化工作环境设置。

第 3 章　文字处理软件

（一）课程内容

Word 基本概念及功能，文档输入、文档编辑、文档排版等操作。

（二）考核知识点

Word 的启动和退出，窗体组成，视图，文档操作，文档内容的编辑，页面格式设置，段落格式设置，文字格式设置，文本框、图片、形状、艺术字、表格等对象的插入与设置，文档的打印输出。

（三）考核目标

了解：模板，分隔符，样式。

理解：Word 窗体组成，选项卡与功能区按钮的使用。

掌握：复制、粘贴、选择性粘贴、移动、查找、替换等基本操作，页面格式设置，段落格式设置，文字格式设置，页面设置，图文混排，文档的打印输出，文本框、图片、形状与表格等对象的插入与编辑。

应用：使用文字处理软件创建文档，完成对文档的排版等处理。

（四）实践环节

1．类型

验证、设计。

2．目的与要求

掌握文档创建和保存的方法，掌握文档内容编辑及格式的设置方法，掌握表格创建及格式设置方法。

第 4 章　电子表格处理软件

（一）课程内容

Excel 基础知识，工作簿管理，工作表数据编辑。

（二）考核知识点

Excel 的功能、特点，工作簿、工作表、单元格的概念，工作簿的打开、保存及关闭，工作表的管理，工作表的编辑，公式和函数的使用，单元格的引用，批注的使用，单元格、行、列的操作，工作表中数据的格式和对齐方式、标题设置，底纹和边框的设置，格式、样式的使用，建立数据清单、数据编辑，数据的排序和筛选，分类汇总及透视图，图表的建立与编辑、设置图表格式，工作表中插入图片和艺术字，页面设置，插入分页符。

（三）考核目标

了解：Excel 的基本概念及功能。

理解：工作簿、工作表、单元格的概念，单元格的相对引用、绝对引用，公式与函数。

掌握：数据的输入与编辑，公式与函数的使用，单元格的基本格式设置，单元格的引用，数据的排序、筛选、分类汇总，图表的建立与编辑。

应用：使用 Excel 实现办公事务中表格的电子化。

（四）实践环节

1. 类型

验证、设计。

2. 目的与要求

掌握工作表中数据、公式与函数的输入、编辑和修改，掌握工作表中数据的格式化设置，掌握图表的建立、编辑及格式化操作。

第 5 章 演示文稿软件

（一）课程内容

演示文稿基础知识，演示文稿基本操作，幻灯片基本制作。

（二）考核知识点

PowerPoint 的功能、运行环境、启动和退出，演示文稿的基本操作，演示文稿视图的使用，幻灯片的版式，幻灯片的插入、移动、复制和删除等操作，幻灯片的文本、图片、艺术字、形状、表格、超链接、多媒体对象等插入及其格式化，演示文稿主题选用与幻灯片背景设置，幻灯片的动画设计、放映方式、切换效果的设置。

（三）考核目标

了解：演示文稿的概念、PowerPoint 的功能。

理解：演示文稿视图，演示文稿主题、背景、版式、切换、动画。

掌握：演示文稿的基本操作，幻灯片的基本操作，幻灯片的基本制作，演示文稿放映设计。

应用：使用演示文稿处理幻灯片，将幻灯片设计理念和图表设计技能应用到日常工作和生活中。

（四）实践环节

1. 类型

验证、设计。

2．目的与要求

掌握创建演示文稿、编辑和修饰幻灯片的基本方法，掌握演示文稿动画的制作方法、幻灯片间切换效果的设置方法、超级链接的制作方法，掌握演示文稿的放映设置。

第6章　计算机网络

（一）课程内容

计算机网络基本概念，计算机网络组成，计算机网络拓扑结构，计算机网络分类，Internet基本概念，Internet连接方式，Internet简单应用。

（二）考核知识点

计算机网络的发展、定义、功能，计算机网络的主要设备，计算机网络的拓扑结构、分类，局域网的组成与应用，因特网的定义，TCP/IP协议，超文本及传输协议，IP地址，域名，接入方式，电子邮件、文件传输和搜索引擎的使用。

（三）考核目标

了解：计算机网络的基本概念与主要设备，因特网的基本概念、起源与发展。

理解：计算机网络的拓扑结构，计算机网络的分类以及局域网的组成与应用，网络通信主要技术指标。

掌握：Internet的连接方式，浏览器的简单应用，电子邮件和搜索引擎的使用。

应用：学会应用Internet提供的服务解决日常问题。

（四）实践环节

1．类型

验证、设计。

2．目的与要求

掌握建立网络连接的方法，掌握Web浏览器的使用及设置方法，掌握电子邮件的收发方法。

第7章　信息安全

（一）课程内容

信息安全的概述，计算机中的信息安全，职业道德及相关法规。

（二）考核知识点

信息安全的基本概念，信息安全隐患的种类，信息安全的措施，互联网的安全，计算机职业道德、行为规范和国家有关计算机安全法规。

（三）考核目标

了解：信息安全的基本概念，计算机职业道德、行为规范、国家有关计算机安全法规。

理解：信息安全隐患的种类，信息安全的措施，互联网的安全，防火墙的功能。

掌握：病毒的概念、种类、危害、防治。

应用：使用安全防护软件进行计算机安全保障，使用计算机系统工具处理系统的信息安全问题。

（四）实践环节

1．类型

验证、设计。

2．目的与要求

掌握一种安全防护工具的配置与使用，掌握使用系统工具进行信息安全处理的方法。

三、题型

题型	题数	每题分数	总分值	题目说明
单项选择题	30	1	30	
打字题	1	10	10	270 字左右，考试时间 10 分钟
Windows 操作题	1	8	8	
Word 操作题	1	22	22	
Excel 操作题	1	18	18	
PowerPoint 操作题	1	12	12	

附录B　Windows常用快捷键及其功能

Windows 常用快捷键及其功能

快捷键	功能
【F1】	显示当前程序或者 Windows 的帮助内容
【F2】	当选中一个文件时，可重命名该文件
【F3】	打开搜索窗口
【F5】	刷新
【F10】或【Alt】	激活当前程序中的菜单
【Delete】	将所选项目移动到"回收站"
【Shift+Delete】	将所选项目永久删除
【Ctrl+A】	全选
【Ctrl+N】	新建一个文件
【Ctrl+O】	打开"打开"对话框
【Ctrl+P】	打开"打印"窗口
【Ctrl+S】	保存当前操作的文件
【Ctrl+X】	剪切所选项目到剪贴板
【Ctrl+C】	复制所选项目到剪贴板
【Ctrl+V】	粘贴剪贴板中的内容到当前位置
【Ctrl+Z】	撤销上一步的操作
【Ctrl+Y】	恢复上一步的操作
【Ctrl+F4】	关闭多个文档窗口中的当前窗口
【Ctrl+F6】	切换到当前应用程序中的下一个窗口（加【Shift】键可以切换到前一个窗口）
【Ctrl+Shift+Esc】	打开任务管理器
【Ctrl+Shift+N】	新建文件夹
【Win】或【Ctrl+Esc】	打开"开始"菜单
【Win+D】	显示桌面
【Win+E】	打开"计算机"窗口
【Win+F】	搜索

续表

快捷键	功能
【Win+L】	锁定计算机，回到登录界面
【Win+M】	将当前窗口最小化
【Win+Shift+M】	重新恢复上一项操作（按【Win+M】快捷键）前窗口的大小和位置
【Win+R】	打开"运行"对话框
【Win+Break】	打开"系统属性"窗口
【Win+Ctrl+F】	打开"查找计算机"窗口
【Shift+F10】或右击	打开当前活动项目的快捷菜单
【Shift】	插入碟片时按住【Shift】键可禁止 CD/DVD 自动运行。在打开 Word 时按住【Shift】键不放，可以跳过自启动的宏
【Alt+F4】	关闭当前应用程序
【Alt+Space】	打开当前窗口的快捷菜单
【Alt+Tab】	在当前打开的窗口中切换
【Ctrl+Tab】	切换同一程序内的不同窗口
【Alt+Enter】	可使在 Windows 中运行的 MS-DOS 窗口在窗口和全屏幕之间切换
【Print Screen】	将当前界面以图像方式复制到剪贴板
【Alt+Print Screen】	将当前活动窗口以图像方式复制到剪贴板
【Enter】	确认输入的执行命令或换行

参考文献

[1] 朱昌杰，肖建于. 大学计算机基础实践教程（Windows 7+Office 2010）[M]. 北京：人民邮电出版社，2015.

[2] 周海芳，周竞文，谭春娇，等. 大学计算机基础实验教程（第2版）[M]. 北京：清华大学出版社，2018.

[3] 翟萍，王贺明，张魏华，等. 大学计算机基础（第5版）应用指导[M]. 北京：清华大学出版社，2018.

[4] 杨战海，许淳，王文发，等. 大学计算机基础实践教程（Windows 7+ Office 2010）[M]. 北京：清华大学出版社，2019.

[5] 尹建新. 大学计算机基础案例教程——Windows 7+Office 2010（微课版）[M]. 北京：电子工业出版社，2019.

[6] 姜薇，张艳，孙晋非，等. 大学计算机基础实验教程（第3版）[M]. 北京：清华大学出版社，2016.

[7] 饶泓，龚根华. 大学计算机基础实验教程[M]. 北京：中国水利水电出版社，2019.

[8] 吕凯. 计算思维与大学计算机基础实验教程[M]. 北京：科学出版社，2017.